猫乘

〔清〕王初桐 辑

浙江文艺出版社
Zhejiang Literature & Art Publishing House

编校说明

　　《猫乘》以嘉庆三年刻本为底本，参校世楷堂藏本。

　　繁体字、异体字参照《规范字与繁体字、异体字对照表》《现代汉语词典》等改规范字；未收录繁体字，不进行类推简化。底本明显讹误径改，不再出校。

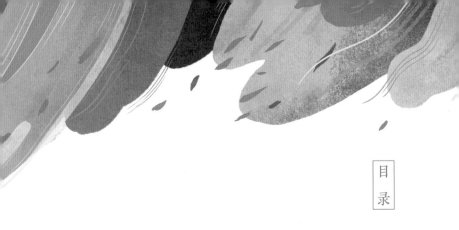

目录

猫乘小引

猫之见于经史者寥寥数事而已，其余则杂出于传记百家之书。南唐二徐竞策猫事，或二十事，或七十事，其事皆无可考。

我朝钱葆酚舍人制《雪狮儿咏猫词》，前后和者不一，皆捃摭猫事为之，极微幽递僻之能，余亦有效颦三阕，狡狯伎俩，无当于词家婉约清空之旨。因复于雠校之余，指授抄胥采录，积久成帙，取而治之，削繁去冗，分门析类，厘为八卷，名曰《猫乘》，窃附于《相马经》《相牛经》《麟经》《驼经》《虎苑》《虎荟》之列。虽无关于大道，亦著略家所不废也。爰授诸梓人，以贻好事者。或以余为有为而作，如李胜之、张明善之讥世。夫讥世则非敢然，然有不胜其自悔而自伤者焉。

嘉庆三年冬日，罐塈山人书于珍珠泉上小楼。

卷

一

字

说

《说文》

猫，狸属，从豸，苗声，莫交切。

《玉篇》

猫，眉朝切，俗作猫。猫，夏田也。

《广雅》

猫，武藨切，又武交切。
_{biāo}

《唐韵》

猫，切同《说文》。《韵会》《韵略》《正韵》：谟交切，并音茅。

《经典释文》

猫，亡朝切。《集韵》：眉镳切，并音苗。

《本草纲目》

猫，茅、苗二音。

宋景文《笔记》

迎猫为食田鼠，读《礼》者不曰猫音茅而曰猫音苗，避俗也。

《埤雅》

鼠害苗，而猫能捕鼠，去苗之害，故猫字从苗。

《五经文字》

猫，猛兽。

唐阎朝隐《鹦鹉猫儿篇》

猫，不仁兽也。

《正字通》

猫，阴类也。

名
号

《广雅》

貔狸，猫也。

《尔雅翼》

猫有色似狸者，通谓之狸。

《蜩笑偶书》

猫，一名家狸。

《妆楼记》

猫，一名女奴。亦见《采兰杂志》。

《格古论》

猫，一名为乌圆，一名蒙贵。圆，或作"员"。

《事物绀珠》

猫曰狸狌，又曰狸奴，又曰狻猊。

《唐余录》

庐枢为建州刺史，月夜，闻堂西阶下若有人语笑声，蹑足窥之，见七八人，长不盈尺，杂坐饮酒，久之，席中一人曰："今夕甚乐，但白老将至，奈何？"因叹叱，须臾，皆入阴沟中不见。后数日罢郡。新政家有猫名白老，既至，自堂西阶下获鼠七八枚，皆杀之。

《酉阳杂俎》

灵武所产猫，有名红叱拨者。

《记事珠》

张抟好猫，其一曰东守，二曰白凤，三曰紫英，四曰祛愤，五曰锦带，六曰云图，七曰万贯，皆价值数金，次者不可胜数。

《清异录》

伪唐武宗为颖王时，邸园畜禽兽之可人者，以备观玩，绘《十玩图》。其中曰鼠将者，猫也。

《名句文身表异录》

后唐琼花公主，自丱角养二猫，雌雄各一。有雪白者，曰御花朵，而乌者惟白尾而已，公主呼为麝香騟妲己。一作"昆仑妲己"。

《云斋广录》

陶谷在莘毂，见揭小榜曰："虞太博宅失去猫儿，色白，小名白雪姑。"《觚剩续编》"王元翰"一条，与此同。

《铁围山丛谈》

司马温公家有猫，曰虪。^{shù}《说文》："虪，黑虎。"盖取其猛而名之，非虪即猫也。

《在园杂志》

明时，内官家喜蓄猫，各给以美名，如纯白者，名一块玉；身黑而腹白者，名乌云罩雪；黄尾白身者，名金钩挂玉瓶；甚至有染色大红者。

《应谐录》

齐奄家畜一猫，自奇之，号曰"虎猫"。

客说之曰："虎不如龙，请更名曰'龙猫'。"又客说之曰："龙升天，须浮云，不如名曰'云'。"又客说之曰："云蔽天，风能散之，请更名曰'风'。"又客说之曰："大风飙起，墙足屏之，名之曰'墙猫'可。"又客说之曰："墙虽固，鼠穴之，斯圮矣，即名曰'鼠猫'可也。"

东里丈人嗤之曰："捕鼠者，猫也。猫即猫耳，胡为自失本真哉！"

《鸡林类事》

猫，谓之"鬼尼"。

《朝鲜史略》

俗称猫曰"高伊"。

《西域同文志》

回语谓猫为"密什"。

呼
唤

《席上腐谈》

猫能自呼其名。

《听心斋客问》

呼猫曰"嘲"。亦见《湘烟录》。

《事物绀珠》

呼猫声曰"咇咇"，又曰"苗"。《空同子》："羿羿，呼鸡；落落，呼猪；咄咄，呼马驴；苗，呼猫；鹭，呼雀。"

《异识资谐》

闽人骂声云"貌貌"，即猫叫声。陈启东述闽人常谈诗："昨听邻家骂新妇，声声明白唤狸奴。"

《湛渊静语》

俗以舌音"祝祝",可以致犬;唇音"汁汁",可以致猫。汁汁声,类鼠也。

《摄山志》

竺庵禅师《猫鼠偈》云:"有朝捉得老鼠时,大叫一声妙妙妙。"

《辍耕录》

凡唱节病,有猫叫声。

《野古集·饥鼠行》

痴儿计拙真可笑,布被蒙头学猫叫。

孕
育

《物理小识》

猫于叫春时，按三度即胎。

又凡狗，秋生者佳；猫，春生者佳。荒年，雌猫求雄不
得，则以斗盛猫，祷于灶前牛粪椎，扑三下则胎。

《本草纲目》

猫之孕也，两月而生，一乳数子，有自食之者。俗传牝
猫无牡，但以竹帚扫背则孕，或用斗覆猫于灶前，以刷帚击
斗，祝灶神而求之亦孕。

《问奇集》

丰城曾尉有猫，孕五子，一子已生，四子死腹中，用芒
消末取童子小便灌之，即下。

《田家杂占》

猫生子皆雄，主其家有喜事。

《雷公炮炙论》

猫胞衣，治反胃、吐食。

《古夫于亭杂录》

猫胞衣，阴干，烧灰，温酒服之，治噎塞疾。然猫生子后即食胎衣，必伺而急取，方可得。

《空同子》

猫见寅人，则衔其儿走，徙其窠。

《林下词选》

朱中楣有咏小猫词。

《妮古录》

猫如小虎，无文，其色不一，善捕鼠，嗜鱼。

《群碎录》

张文潜《虎图诗》云："烦君卫我寝，起此蓬荜陋，坐令盗肉鼠，不敢窥白昼。"讥其似猫也。

《埤雅》

猫有黄黑白驳数色，狸身而虎面，柔毛而利齿，以尾长腰短、目如金银及上腭多棱者为良。

《广西通志》

土州猫皆柔毛利齿，尾长腰短。

《偃曝丛谈》

猫性畏寒而不畏暑，能画地卜食，随月旬上下啮鼠，首尾皆与虎同。

《便民图·相猫法》

猫儿身短最为良，眼用金银尾用长，面似虎威声要喊，老鼠闻之自避藏。露爪能翻瓦，腰长会走家，面长鸡绝种，尾大懒如蛇。

又相猫法：口中三坎者，捉一季；五坎者，捉二季；七坎者，捉三季；九坎者，捉四季。花朝口，咬头牲。耳薄，不耐寒。毛色纯白、纯黑、纯黄者，不须拣。若看花猫，身上有花，又要四足及尾花缠得过者方好。《挥麈新谭》："猫口内有九坎者，能四季捕鼠。"

《名医别录》

猫肉，味甘酸，温、无毒，治劳疰、鼠瘘、蛊毒。凡预防蛊毒者，自少食猫肉，则蛊不能害。

《读书镜》

猫犬钻穴，头可容，身即过矣。《汉书》虞诩疏"公卿选懦，容头过身"，盖以猫犬喻之。

《太平圣惠方》

猫头，收敛痈疽。

《邵真人青囊杂纂》

鼠咬疮痛，猫头烧灰，油调敷之。

《洁古真珠囊》

猫鬼夜道病，腊月死猫头烧灰，水服。

《杏林摘要》

心下鳖瘕，黑猫头烧灰，酒服。《得效方》："走马牙疳，同。"

《外台秘要》

痰齁发喘，猫头骨烧灰，酒服。

《箧中方》

小儿阴疮，猫头骨烧灰，傅之。《食物本草》："治对口疮。"

《雷公炮炙论》

猫脑，纸上阴干，治瘰疬、鼠瘘。

《五灯会元》

猫儿洗面自道好。

《酉阳杂俎》

猫洗面过耳，则客至。《田家杂占》同。

《埤雅》

猫旦暮目睛圆，及午即旋敛如一线。《酉阳杂俎》曰："竖敛如挺。"《脉望》曰："猫睛可定时，子午卯酉如一线，寅申巳亥如满月，辰戌丑未如枣核。"

《易经存疑》

猫儿眼中黑睛，一日随十二时改变，其歌曰："子午线兮卯酉圆，寅申巳亥如枣核，辰戌丑未杏仁全，消息之理最明白。"此见造化之妙处。《物类相感志·猫儿眼知时歌》云："子午线，卯酉圆，寅申巳亥银杏样，辰戌丑未侧如钱。"

《物理小识》

猫自番来者，有金眼、银眼，有一金一银。

《志奇》

南番白胡山出猫睛，极多且佳。

古传此山有胡人，遍身俱白，素无生业，惟畜一猫，猫死，埋于山中。久之，猫忽见梦曰："我已活矣，不信者可掘观之。"及掘，猫身已化，惟得二睛，坚滑如珠，中间一道白，横搭转侧分明，验十二时无误，与生不异。胡人怪之。夜又见梦云："埋此于山之阴，可以变化无穷。中一颗赤色有光者，吞之得仙。"胡掘得，遂集山人，置酒食为别。及吞，即有一猫如狮子负之腾空而去。

至今此山最多猫睛，一名狮负。仙女上元宗狮负二枚，即此。元宗藏于牡丹钿合中以验时。亦见《嬭嬛记》。

《瓮牖闲评》

猫、狗之目能夜视。

《宣和画谱》

何尊师尝谓猫似虎，独耳大眼黄不同。

《卫生宝鉴》

猫眼睛治瘰疬、鼠瘘。

《尔雅翼》

猫耳经捕鼠之后，有缺如锯。

《诗传名物集览》

猫鼻端长冷，惟夏至一日暖。

《谰言长语》

夏至日，验猫鼻仍冷，及至时刻，乃暖。

《画史会要》

画家称"开口猫儿合口龙"，言其两难也。

《名医别录》

猫牙，治小儿痘疮、倒魇。

《食物本草》

猫舌，治瘰疬、鼠瘘。

《本草衍义》

猫涎，治瘰疬，刺破涂之。

《证类本草》

猫肝，治痨瘵，杀蛊。黑猫肝尤良。

《辍耕录》

元宫中冬月，大殿则黄猫皮壁障。

《酉阳杂俎》

猫之毛不容蚤、虱，黑者暗中逆循其毛，即若火星。

《蜀本草》

猫皮、毛，治瘰疬、鼠瘘。《杏林摘要》云："猫儿皮连毛。"

《洁古珍珠囊》

鼠咬成疮，猫毛烧灰，入麝香少许，唾和，封之；猫须亦可。

《本草拾遗》

鬼舐头疮，猫儿毛烧灰，膏和傅之。

《溥济方》

鼻擦破伤，猫儿头上毛煎碎，唾粘傅之。

《外台秘要》

鬓边生疖，猫颈上毛研油调敷之。

《治生宝鉴》

乳痈溃烂，猫儿腹下毛，煅成性，油调封之。

《意见》

取猫尿，以姜或蒜擦其牙鼻，即遗出。

《名医别录》

猫尿治蚰蜒诸虫入耳，滴入即出。

《卫生宝鉴》

腰脚锥痛，猫屎烧灰，唾津调涂。

《得效方》

鼠咬成疮，猫屎揉之即愈。汪颖曰："亦治痘疮。"

《蜀本草》

蝎螫作痛，猫儿屎涂三五次即瘥。

《本草拾遗》

腊猫屎，治瘰疬溃烂。苏恭曰："腊月采干者。"

《本草蒙筌》

虫疰腹痛，雄猫屎烧灰，水服。

《大观本草》

乌猫屎，治小儿疟疾。日华子曰："亦治偷粪老鼠。"

《和惠局方》

齁哮痰咳，猫粪烧灰，汤服。

耄耋图

耄耋，泛指老年。耄，指八九十岁；耋，指七八十岁。

"猫蝶"谐音"耄耋"，寓意长寿。

古人常以猫、蝶、牡丹等为图，取长寿、富贵之意。

［宋］毛益 《蜀葵戏猫图》

［宋］佚名　《富贵花狸图》

［清］佚名 《牡丹与猫图》

卷

二

事

《尔雅翼》

《周书》记武王之狩，禽虎二十有二，猫二。

《文献通考》

高昌王文泰曰："猫游于堂，鼠安于穴，各得其所，岂不快耶！"《通鉴纪事本末》作"鼠噍于穴"。

《旧唐书·五行志》

梁州仓大鼠长二尺余，为猫所啮，数百鼠反啮猫，少选，聚万余鼠。州遣人击杀之。

《异苑》

高瓒取猫，从尾食之，肠肚俱尽，仍鸣唤不止。

《朝野佥载》

则天时，调猫儿与鹦鹉同器食，取示百官传看未遍，猫儿饥，遂咬杀鹦鹉以餐之，则天甚愧。

《开元传信记》

裴谞为河南尹，有妇人投状争猫，状云："若是儿猫，即是儿猫。若不是儿猫，即不是儿猫。"

谞大笑，判云："猫儿不识主，旁我搦老鼠。两家不须争，将来与裴谞。"遂纳其猫儿，争者皆哂之。

《旧唐书》

高宗宠武氏，废王皇后及萧良娣。萧骂曰："阿武狐媚，倾覆至此，愿得一日吾为猫，阿武为鼠，扼其喉以报今日！"武后闻之不悦，约六宫不许畜猫。

《鹤林玉露》

萧妃临死曰："愿武为鼠，我为猫，生生世世扼其喉！"今俗相传谓猫为天子妃者，本此。

《朝野佥载》

薛季昶为荆州长史，梦猫儿伏卧于堂限上，头向外。以问占者张猷，猷曰："猫者，爪牙也；伏门限者，阃外之事。君必知军马之要。"未旬日除桂州都督、岭南招讨使。

《酉阳杂俎》

平陵城，古谭国也，城中有一猫，长带金锁，有钱飞若蛱蝶，土人往往见之。

《乘异记》

许遨市药造炉，使其人自守而候之。将成，必有猫触，其炉破，双鹤飞去。

《玉泉子》

李昭嘏世不养猫。登科年，主司昼寝，忽有一大鼠取其卷置枕前。昭嘏及第，皆云鼠报。

《五灯会元》

慧觉广照禅师，传僧问："莲花未出水时如何？"师曰："猫儿戴纸帽。"

《唐诗纪事》

卢延逊献王建诗，有"栗爆烧毡破，猫跳触鼎翻"。

后建冬夜与潘峭平章边事，旋令宫人烧栗，俄有数栗爆出，烧绣褥。时建多疑，常于炉中烧金鼎，命二妃亲侍茶汤而已。

是夜，宫猫相戏，误触鼎翻。良久，曰："'栗爆烧毡破，猫跳触鼎翻'，忆得卢延逊卷有此一联，乃知先辈裁诗，信无虚境。"来日遂有六行之拜。

延逊诗又有"猫冲官道过，狗触店门开"，租张相每称之。"饿猫窥鼠穴，馋犬舐鱼砧"，成中令每称之。卢曰："平生投谒公卿，不意得猫狗力。"

《夷坚志》

全椒县外二十里有山庵，一僧居之，独雇村仆供薪爨之役。养一猫，极驯，每日在傍，夜则宿于床下。一犬尤可爱，俗所谓狮狗者。

僧常遣仆买盐，际暮未返，凶盗乘虚抵其处，杀僧而包裹钵囊所有，出宿于外。此犬窃随以行，遇有人相聚处，则奋而前，视盗嗥。盗行，又随之。市多识庵中犬，且讶其异，即与俱还巷。僧已死，时正微暑，猫守卧其傍，故鼠不加害。执盗赴狱遂刑。

《雁门野说》

江南二徐，大儒也。

后主岐王六岁时，戏佛像前，有大琉璃瓶为猫所触，骕然坠地，因惊得疾薨。诏锴为王墓志，两日矣。锴谓铉曰："文意虽不引猫儿事，此故实颇记否？"铉因取纸笔疏之，不过二十事。锴曰："未也，适已忆七十余事。"铉曰："楚金大能记。"明旦又云："夜来复得数事。"兄抚掌而已。

《咸平录》

朱沛好养鹁鸽。一日，猫捕食其鸽，沛乃断猫之四足，猫转堂室之间，数日乃死。他日，猫又食其鸽，又断其足，前后所杀十数猫。后沛妻连产二子，俱无手足。

《稽神录》

建康某畜一猫，爱之甚。猫死，某携弃秦淮中，既入水，猫乃活，某下救之，遂溺死。而猫登岸，走金乌铺，吏获之，缚而镣之铺中，锁其户，出白官，将以其猫为证。既还，则已断其索啮壁而去。

《至大金陵新志》

温汤元方修合时，切忌猫犬见。

《渊鉴类函》

卢仙姑诣蔡京，见大猫蹲踞榻上，抚猫背而问京曰："识之否？此章惇也。"其意盖以讽京。

《文献通考》

陈无已每索句，即卧一榻，以被蒙首，恶闻人声，谓之"吟榻"。家人知之，即猫犬皆逐去。

《后村集》

杨通老《移居图》，一童子背猫。

《独醒杂志》

东安一士人善画，作鼠一轴，献之邑令。令悬于壁，旦而遇之，轴必堕地，令怪之。

黎明物色，轴在地而猫蹲其旁。逮举轴，则跟踯逐之。以试群猫，莫不然者，始知其画为逼真。

《癸辛杂识》

回回国妇女以凤仙花染猫为戏。

《何氏语林》

王舒王越国吴夫人有洁疾，见猫卧衣笥中，即叱婢揭衣置浴室下，竟腐败，无敢收者。

《五灯会元》

池州南泉普愿禅师，因东西两堂争猫儿，师遇之，白众曰："道得，即救取猫儿；道不得，即斩却也。"众无对，师便斩之。

赵州自外归，师举前语示之，州乃脱履安头上而出，师曰："子若在，即救得猫儿也。"

《指月录》

道州狗子无佛性也，胜猫儿十万倍。

《建炎以来朝野杂记》

绍兴壬子，诏求宗室入宫备选，得二人焉，一肥一癯，乃留肥而遣癯。忽一猫走前，肥者以足蹴之。思陵曰："此猫偶尔而过，何为遽踢之？轻易如此，安能胜重耶？"遂留癯而遣肥，癯即孝宗也。

《剑南诗稿》

俗言猫为虎舅，教虎百为，惟不教上树。

《五灯会元》

猫儿会上树。

《湖湘野录》

真净和尚颂曰："五白猫儿爪距狞，养来堂上绝虫行。分明树上安身法，切莫遗言许外甥。"

《省心录》

苏子由尝为黄白术，密室中置大炉，将举火，见一大猫据炉而溺，须臾不见，子由遂不复讲。亦见《孙公谈圃》。

《传奇》

成自虚雪夜于东阳驿寺中遇苗介立，吟诗曰："为惭食肉主恩深，日晏蟠蜿卧锦衾。且学志人知白黑，那将好爵动吾心。"次日视之，乃一大驳猫儿也。

范蜀公《记事》

马鞭击猫，节节断折。陆游曰"筇竹杖击狗"，亦然。

《辍耕录》

木八刺与妻对饭，妻以小金鎞刺脔肉，将入口，门外有客至，妻不及啖，且置器中，起去治茶。比回，无觅金鎞处。时一婢在侧执作，意其窃取，拷问万端，终无认辞，竟至殒命。

岁余，召匠者整屋，扫瓦瓴积垢，忽一物落石上有声，取视之，乃向所失金鎞也，与朽骨一块同坠。原其所以，必是猫来偷肉，故带而去，婢偶不及见耳。

《农田余话》

李瑛与家人饮酒，妻以所插金篦揭肉而食，偶有客至，瑛出迎，妻速入厨具茶饮。客去，寻向之金篦，无有也。疑为一女奴所盗，杖之致死。

久之，家人与里巷会茶，中有一老妇人首插金篦，熟视之，乃向之所失物也。询之，是买于一圬者，及问圬者之所来，云于某整屋瓦，合漏中得之。盖是时有肉在篦上，为狸奴衔去，坠于彼也。

《传灯录》

南泉和尚云："甘贽行者设粥，请大众为狸奴、白牯念《摩诃般若波罗蜜》，甘乃礼拜。"

又僧问南泉禅师云："狸奴、白牯却知有，为什么却知有？"师曰："汝怎怪得伊。"

《义山杂纂》

猫暖处便住。

王铚《杂纂续》

易图谋：邻舍猫。爱便宜：养雌猫。

《韦居听舆》

十二宫神，鼠居子位。神宗生戊子，鼠为本命，而当年未闻禁蓄猫。

《玉堂闲话》

范贤家常有燕巢于舍下，雏已哺食矣，其雌者为猫所得，雄啁啾久之方去，即时又与一燕为匹而至，哺雏如故。不数日，雏相继堕地而僵，盖为继偶者所害。俞德麟《燕猫行》："饥猫攫燕欲何为，汝猫不仁燕何罪？"

《瀛涯胜览》

法祖儿国、阿丹国、榜葛剌国皆有蓄猫。

《夷坚志》

自鄂渚至襄阳七百里，长涂荒寂。有虎精者，素为人害。

乾道六年，江同祖早行，忽见一妇人在马前，双目绝赤，抱小狸猫，乍后乍前，相随逐不置。将弛担，乃不见。江心念："岂非所谓虎精者乎？"

江还舍且一月，闻门外金鼓叫噪声，士庶环集者几千数，出睹之，则彼妇也。问其故，皆言：南市人家，连夕失猪并小儿甚多，物色奸窃，无有也。独小客店内此妇人，单身儌止，经三旬矣，而未尝烟爨，囊无一钱，但谨育一猫，望其吻，时有毛血沾污，疑必怪物，是以逻执送府。既入郡，郡守不忍穷治，押出竟。

《桯史》

岳珂家素蓄一青色猫，善咋鼠。一日正午出门，即逸去，购求竟不获。

客有知闾里之奸者，言："和宁门有肆，号曰鬻野味，皆猫犬肉也。夜胃犬，负而趋；若猫，则昼攫。"都人居浅隘，猫或嬉敖于外，一见不复可遁，夜则入于和宁之肆，无遗育焉。

《乌衣香牒》

元贞二年，双燕巢于柳汤佐之宅。一夕，家人举灯照蝎，其雄惊堕，为猫所食，雌彷徨飞鸣不已，朝夕守巢，哺诸雏成翼而去。明年，雌独来，复巢其处。人视巢生卵，疑其更偶，徐伺之，则抱雏之壳耳。

《七修类稿》

杭州城东真如寺，宏治间有僧曰景福，畜一猫，日久驯熟。每出诵经，则以锁匙付之于猫，及回时，击门呼其猫，猫乃含匙出洞交主也。或他人击门无声，或声非其僧，求不应。

《文安集》

范元享为桂阳令，桂阳民白有盗其牛者，踪迹无所得。方疑所捕，二猫嗛牛耳鸣号于庭。求猫主索之，果得牛。

《应庵任意录》

猫喉腹中作拽锯声，俗谓之"猫念佛"。

《玉芝堂谈荟》

三宣慰中有妖术曰卜思鬼，妇人习之，夜化为猫犬，行窃人家。

《臞仙肘后经》

净猫如阉猪、镦鸡。

《明史纪事本末》

谯穴之鼠，不复畏猫。

《五灯会元》

问："凡圣同居如何？"曰："两个猫儿一个狞。"

《异林》

宁波胡宏，精卜筮术。有一人家暴富，心疑之，宏为设卦，曰："家有狸奴走入室，是其祥也。"曰："然。"曰："狸奴形必大，可称之，得几斤？"曰："七斤许。"曰："富及七载，狸奴当去。"及期，狸果去，家贫如初。

《金坛县志》

邓某善饮啖，每一饭，豚、鹅、鸡、鸭数十觔。后食猫肉，即不能多食。识者谓其腹有肉鼠，鼠见猫即死，故不能多食也。

《月河所闻》

有胆弱人，宿严氏外楼，蒙被而卧，忽闻楼板上橐橐声，心慄焉，以为鬼来矣。俄而声渐绕榻，客大骇，跃起，持被扑鬼而裸踞其上，达曙视之，则其家捕鼠狸也。

《摩诃上观》

治时媚鬼者，须善识十二时，三十六时兽，如子有三，猫、鼠、伏翼；丑有三，牛、蟹、鳖。知时唤名，媚即去也。

《类证普济本事方》

有一贵人病瘵，合神传膏，将服，为猫覆器，不得食。

《瓶花谱》

瓶花之忌有六，其一曰"猫鼠伤残"。

《五灯会元》

祖印禅师上堂，才坐，忽有猫儿跳上身。师提起示众。良久，抛下猫儿，便下座。

《指月录》

牡丹花下睡猫儿。

《辍耕录》

平江叶氏门首有一枯井，偶所畜猫坠入，适邻家浚井，遂与井夫钱一缗，俾其取猫。夫父子诺，相继入井，皆不出。盖久涸结阴毒也。

《柳南随笔》

苏州张氏，能聚群鼠，观者日至，辄投以钱，家贫，赖以稍裕。后有无赖怀一猫以往，群鼠应呼而出，掷猫唉其一，余俱惊避，后竟不出。

《坚瓠集》

张云养一猫，常带之同行。至一察院，夜有白衣人向张求宿，被猫一口咬死，乃一大白鼠。

《筠廊偶笔》

前朝大内猫犬皆有官名食俸，中贵养者常呼为"猫老爷"。

《静志居诗话》

王屼生为如皋令，癖爱狸奴，见其面空扑蝶，俯仰可观，遂令百姓捉蝶，有罪者许蝶赎。

《玉芝山房稿·附录》

茅鹿门游学余姚，寓钱应坤家。钱有美婢，夜至书室呼猫，笑曰："小猫不见，只见大猫。"牵茅衣戏之。茅正色叱去。

《觚剩》

陇西刺史雅善弹琴，每于月亭松阁兴至挥弦，其侍姬宋粟儿，辄携小狻猊以从。

《见闻纪训》

有杨姓者，坐于门，见一妇人过，坠银簪子街石上。伺其去远，就视之，但见蚯蚓。俄一男子过其所，俯拾之。杨老曰："此吾所坠簪也。"其人知其伪，径去，杨老随而牵其衣不释。其人乃取银二分，以一买鱼一尾，以一付之，曰："将此钱沽酒煮鱼，作一夜消可也。"

杨老乃归，置鱼釜上，买酒一壶，令其媳煮鱼。暖酒间，忽邻猫突跳釜上，媳以杖扑猫，猫竟衔鱼去，因覆其酒而并盛鱼器碎焉。

《委巷丛谈》

杭人于冬至后数九，以纪气候，有云："八九七十二，猫狗寻阴地。"亦见《吴下田家志》。

《兰畹居清言》

湛甘泉拆毁庵观，有尼题诗于壁云："分付犬猫随我去，休教流落俗人家。"

《未斋杂言》

盱江之上，有曾氏者，夜闻猫吼甚亟，烛之，为鼠啮其尾也。

《锦绣万花谷》

有咏诗者云："尽日觅不得，有时还自来。"本谓诗之好句难得耳，而说者曰："此是人家失却猫儿诗也。"人皆以为笑。

《在园杂志》

徐州产鼠一种，较鼠形差小，遇猫则以嘴扭其鼻，猫伏不能动。

《随园诗话》

邹泰和有爱猫之癖，督学河南，按临商邱毕，出署，失一猫，严檄督县捕寻。令苦其烦，用印文详报云："卑职遣干役四人，挨民家搜捕，至今逾限，宪猫不得。"

《医学正传》

猫咬，用薄荷汁涂之。

《本草拾遗》

猫咬成疮，雄鼠屎烧灰，油和傅之。

李迪

生卒年不详

宋代画家，河阳（今河南孟州市）人。供职于宋孝
宗、光宗、宁宗三朝画院。擅花鸟画，注重写生。
所画花鸟细致严谨，树石粗笔疏放，二者巧妙结合，
形成个人的鲜明特点。其始创工细与粗放相结合的
画法，多为后代画家效仿。

［宋］李迪　《狸奴小影图》

癸丑歲郎寧畫

[宋] 李迪 《狸奴蜻蜓图》

［宋］李迪 《秋葵山石图》

卷

三

蓄养

《茶烟阁体物集》

吴俗，以盐易猫。

《延休堂漫录》

纳猫吉日：甲子、乙丑、丙午、丙辰、壬午、庚午、庚子、壬子，宜天德、月德、生气日，忌飞廉日。

《广谐史》

猫犬无故入家中如已养者，主大富贵。

《田家杂占》

谚云："猪来贫，狗来富；猫儿来，开质库。"

《雪涛谈丛》

谚云："猫来孝家。"博士张宗圣解之曰："家多鼠虫为耗，故猫来。'孝'乃'耗'之讹，非猫能兆孝也。"

《南部新书》

连山张大夫抟，好养猫，众色备有，皆自制佳名。每视事退，至中门，数十头曳尾延颈，盘接而入。以绿纱为帷，聚其内以为戏。或谓抟是猫精。

《谔厓脞脱》

有蔡姓者，隐会稽山中，养猫千头，呼之即来，遣之即去，时人谓之猫仙。

《飞燕外传》

婕好上皇后物，有含香绿毛狸藉一铺。

《埤雅》

猫亦如虎，画地卜食，俗谓之鼠卜。

《蜀本草》

黍米缓人筋，小猫食之，其脚蹁屈。黍，陈藏器作糯。

《武林市肆记·小经纪》

有猫窝、猫鱼。

《梦粱录》

凡宅舍养猫，则每日有人供鱼鳅。

《留青日札》

猫食黄鱼、癞。

《入蜀记》

过杨罗狀，皆巨鱼，欲觅小鱼饲猫，不可得。

《瑯琊曼衍》

蜘蛛香出蜀中，草根也，猫喜食之。

《埤雅》

猫以薄荷为酒，食之即醉。

黄一正曰："虎食狗，猫食薄荷，雉食山兰花，雀食木鳖，鸠食桑椹，鸡食蜈蚣，蛇食茄，俱醉。"

《清异录》

李巍求道雪窦山中，畦蔬自供，日进"醉猫"三饼，谓为莳萝、薄荷捣为饼也。

《郁离子》

猫食鱼，鸡食虫，性之所耽，不能绝也。

《医垒元戎》

张天师草还丹，将药拌饭，与白猫食者，一月黑。

《在园杂志》

明内官家饲猫之器皿，用上号铜质制造，今宣炉内有猫食盆者是也。

王铚《杂纂续》

不得怜：偷食猫儿。苏轼《杂纂二续》："改不得：偷食猫儿。"

《物类相感志》

鸡吃猫饭能啄人。

《田家杂占》

猫儿吃青草，主雨。

《物类相感续志》

焊炭饼中安猫食，夏月亦不臭。

《事物绀珠》

猫犬吐曰"吣"。

调治

《野获编》

京师六月六日，浴猫犬于河。

《宋氏树畜部》

小猫叫不绝声者，陈皮末涂之则不叫；甘草食之则就死。

《多能鄙事》

猫有病，以乌药水灌之，甚良。

《授时通考》

猫煨火疲悴，用硫黄少许，入猪汤中炮熟，喂之，或入鱼汤中喂之亦可。小猫被人踏死，用苏木浓煎汤，滤去柤，灌之。

《扣钵斋纂》

猫生虱，以桃叶、楝树根擦之则死。

瘗
埋

《种树书》

欲引竹过墙，以死猫埋墙外，则竹尽向猫行。《埤雅广要》云："死猫引竹。"

《笋谱》

偷笋者，埋猫于墙下，明年笋迸过矣。

《埤雅》

猫死，不埋于土，挂于树上。

《后山谈丛》

庐州有坐化猫。

《五灯会元》

问："世间什么物最贵？"曰："死猫儿头最贵。"曰："为什么死猫儿头最贵？"曰："无人著价。"

《明史》

嘉靖中，帝蓄一猫，死，命儒臣撰词以醮，袁炜词有"化狮作龙"语，帝大喜悦。

《耳谈》

嘉靖中，禁中有猫，微青色，惟双目莹洁，名曰"霜眉"。善伺上意，凡有呼召，或有行幸，皆先意前导。伺上寝，株橛不移。上最怜爱之，后死，敕葬万岁山阴，碑曰"虬龙冢"。

《怀麓堂集》

方石惠猫忽被踏以死，瘞而悼之。

《觚剩》

合肥宗伯所宠顾夫人，性爱狸奴。有字乌员者，日于花栏绣榻间徘徊，抚玩珍重之意，逾于掌珠。饲以精餐嘉鱼，过餍而毙。夫人惋悒累日，至为辍膳。宗伯特以沉香斫棺瘞之，延十二女僧建道场三昼夜。

《瓯江逸志》

平阳灵鹫寺僧妙智，畜一猫，每遇讲经，辄于座下伏听。一日，猫死。僧为瘗之，后瘗处忽生莲花。众发之，花自猫口中出。

迎
祭

《礼记·郊特牲》

迎猫，为其食田鼠也。

《文苑英华》

牛僧孺《谴猫》云，伊祈氏季春迎猫。

《礼记义疏》

孔颖达曰："八蜡有猫虎。"徐师曾亦云。

《大学衍义补》

苏轼曰："迎猫则猫为之尸，迎虎则虎为之尸。"近于优所为。是以《杂记》子贡言"一国之人皆若狂也"。

《尔雅翼》

古者，蜡礼迎而祭之，故说者曰："蜡盖三代之戏礼也，祭必有尸，猫虎之尸，谁当为之，非倡优而何？"夫猫虎虽能食田豕田鼠，然所以主此者，盖必有神于此。

《诗》曰："去其螟螣，及其蟊贼，无害我田稚。田祖有神，秉畀炎火。"夫去螟螣蟊贼，而畀之炎火者，人也；然必曰田祖有神相之耳。今去田鼠田豕者，虽猫虎也然，所以使鼠豕得去者，岂无神以主之耶？迎猫虎以祭其所主之神，固自有尸，则不为戏矣。然则，猫虎所主者何神？曰当属田祖。

《旧唐书·礼仪志》

祭五方之猫、於菟，各用少牢一。

《开元礼》

於菟、猫等，俱散樽二，各设于神座之右，而左向祝，文曰："猫、於菟诸神咸飨。"

《文昌杂录》

详定礼文，每方於菟、猫并如故事。

《荆川文集》

迎猫、迎虎，何为也？惟天地之生成百谷，虽一猫虎，亦使之尽其能于食鼠食豕之间而无遗利焉。于此见天地之功为甚大，人欲报天地之功而无由，则虽猫虎之效一能于天地者，亦秩之祀而无遗灵焉。于此见人之所以报天地之功者为甚深。

朱瞻基

1399—1435

即明宣宗，明朝第五代皇帝。自号长春真人。
书画俱能，又善为诗文。爱好翰墨，其书法
能于圆熟之外，以遒劲出之。工绘画，以山
水、花鸟画见长。

湖石秋花庭院间一隻狸奴摆西除
下为登局亂基盤何弟捕鼠坡翁
頗分明室豪於其间而乃陳郭指
谏言責人則易責己雖復議此者
那能刪
戊戌新秋月澂题

［明］朱瞻基　《五狸奴图卷》（局部）

［明］朱瞻基　《五狸奴图卷》（局部）

［明］朱瞻基　《五狸奴图卷》（局部）

［明］朱瞻基 《五狸奴图卷》（局部）

卷

四

捕

《梦书》

梦猫捕鼠者，主得财。

《尸子》

鸡司夜，狸执鼠。韩子："使鸡司夜，令狸执鼠。"

《孔丛》

孔子鼓琴，闵子闻有幽忧之声，曰："何感若是？"孔子曰："见猫捕鼠，欲其得之，故为之音也。"

《庄子》

子独不见狸狌乎？卑身而伏，以候敖者。又云："骐骥骅骝，一日而驰千里，捕鼠不如狸狌。"东方朔曰："良马捕鼠，曾不如跛猫。"刘向曰："不如百钱之狸。"

《尹文子》

使牛捕鼠，不如狸狌之捷。

《柳州集》

永某氏者，生岁值子，因爱鼠，不畜猫，仓廪庖厨，悉以恣鼠，鼠态万状。及徙居他州，后人来居，鼠为态如故。其人假五六猫，罗捕杀鼠如邱。

《诗传名物集览》

蚕时，村人蓄猫驱鼠，谓之蚕猫。

《事物绀珠》

便毙、厌目、曲脊、逆色，俱言猫捕鼠状。

《朝野佥载》

李嵩、李全交、王旭为御史，京师号为"三豹"。被追者每相谓曰："缚鼠与猫，终无脱日。"

《三朝野史》

宋理宗祀明堂，徐清叟为执绥官，玉音问曰："猫儿捕鼠如何？"答曰："爱之，欲其生；恶之，欲其死。"理宗本命属鼠，一时不觉触突，上亦不之咎。

苏轼《上神宗皇帝书》

养猫以捕鼠，不可以无鼠而养不捕之猫。罗大经曰："余谓不捕鼠犹可也，不捕鼠而捕鸡则甚矣。疾视正人，必欲尽击之，非捕鸡乎？"张养浩曰："猫之捕，岂必物物皆鼠？见其可适于口者，无不捕也。若猫以捕非其鼠而逐，将见鼠不胜其繁，而猫不胜其屈矣。"

《南唐近事》

李后主童谣云："索得娘来忘却家，后园桃李不生花。猪儿狗儿都死尽，养得猫儿患赤瘕。"

娘，谓李主再娶周后；猪狗死，谓祚尽戌亥年；赤瘕，目病，猫有目病，则不能捕鼠，谓不见丙子之年也。

《桯史》

市猫于邻，卜日而致之，将以咋鼠也。鼠暴未及问，而首决雕笼以噬鹦鹉，可乎。

《陈止斋集》

猫之善捕鼠者，日常睡；终日跳掷者，必不捕鼠。

《华严经》

譬如猫狸，才见于鼠，鼠即入穴，不敢复出。

《郁离子》

赵人患鼠，乞猫于中山，中山人予之猫，善捕鼠及鸡。月余，鼠尽而其鸡亦尽。其子曰："盍去诸？"其父曰："吾之患在鼠，不在乎无鸡，若之何而去猫也。"

《西山读书记》

猫之捕鼠，四足据地，首尾一直，目睛不瞬，心无他念，惟其不动，动则鼠无逃矣。

《五灯会元》

普照禅师曰："猫有歃血之功。"

又黄龙谓泐潭曰："子见猫儿捕鼠乎？目睛不瞬，四足踞地，诸根顺向，首尾一直，拟无不中。"

又问："猫儿为什么偏爱捉老鼠？"曰："物见主，眼卓竖。"

古谚

猫儿哭老鼠，假慈悲。

《方洲集》

猫得鼠，弗能遽死，啼吓作声，俟其革骨脱惫，方能食之。

《太仓稊米集》

鼠黠猾而多贪，猫懦弱而好杀，之二物皆轻捷善走，而鼠遇猫，鲜有脱者，则以鼠视短也。

《袁中郎集》

馋猫见鼠，踊身疾趋。

《湖海搜奇》

衍圣公庾廪中有巨鼠为暴，狸奴被啖者不可胜数。

一日，有西商携一猫至，索价五十金，曰："保为公杀此。"猫入廪，穴米自覆而露其喙，鼠行其旁嗅之，猫跃起啮其喉，鼠哀鸣跳跃，上下于梁者数十度，猫持之愈力，遂断其喉，猫以力尽，俱毙。明旦，验视鼠，重三十余舠，公乃如约酬商。

《物理小识》

猫亦捕蛙及鱼。

《鸟兽续考》

北人云"猫不过扬子江金山"，言猫过金山则不复捕鼠。厌者至金山时，剪一纸猫投水中，则不忌。昔韩克赞尝于汝宁带回一猫，过江，果不捕鼠。

《五灯会元》

法远圆鉴禅师曰："寒猫不捉鼠。"

《徐氏笔精》

猫不捕鼠者，名麒麟猫，有味。林希逸《戏号麒麟猫》诗："不曾捕鼠只看鼠，莫是麒麟误托生。"

《挥麈新谭》

彬师者,善谑。尝对客,猫居其旁,彬曰:"鸡有五德,吾此猫亦有之。"客问其说,曰:"见鼠不捕,仁也;鼠夺其食而让之,义也;客至设馔则出,礼也;藏物虽密,能窃食之,智也;初冬必入灶,信也。"客为绝倒。

《夷坚志》

桐江民豢二猫,爱之甚。一日,鼠窃瓮中粟,不能出,乃携一猫投于瓮,鼠跳踯上下,呼声甚厉,猫熟视不动,久之乃跃而出。又取其次,方投瓮,亦跃而出。桐江民耻之。

《粤述》

鼠之横,无过于粤,而猫之昏庸猥惰,亦无过于粤,盖其地使然,非尽物之咎也。

李俊民《庄靖集》

《群鼠为耗而猫不捕》诗。自注:唐公昉得神丹,举家升天,鸡犬皆去,惟鼠空中自坠,肠出。今山下有拖肠鼠,束广微所谓唐鼠。

相
哺

《宋史》

鄱阳民家一猫带数十鼠，行止食息皆同，如母子相哺者。民杀猫而鼠舔其血。

相
处

《旧唐书·五行志》

龙朔元年，涪州猫鼠同处。

《圭斋集附录》

延祐元年，元家猫犬乐相哺。

相
乳

《唐书》

李迥秀家犬乳邻猫，中宗以为孝感。

《通鉴纲目》

朱泚军中，猫鼠相乳，宰相常衮率群臣贺。崔祐甫曰：
"可吊不可贺。"因献《猫鼠议》。《旧唐书》："朱泚言，陇州将赵贵
家猫鼠同乳，诏遣示于朝。崔祐甫上言，代宗嘉之。"《南部新书》略同。《金
罍子》曰："猫鼠同乳，怪甚矣。"

《说储》

猫鼠同乳，异甚同处，唐玄宗、代宗、文宗时见。

《江湖长瓮集》

龚养正家二猫，产七子，同一栖，一出则一留，留者均乳之。

《玉堂集》

王太仆家蓄二猫，一状类狮子，一斑类玟瑁，各产四子，衔置一栖，互乳。

《怀麓堂集》

陆君美兄弟两家各蓄一猫，猫各产三子，皆衔至堂中互乳之，每一出，一必代乳。

《讱庵偶笔》

有人病膈，每食辄吐，一猫在其前，吐出之食，猫遂食之。后卒，猫于棺前哀鸣七日，不食，死。

《续文献通考》

姑苏齐门外一小民，负官租，出避，家独一猫，催者持去，卖与阊门徽铺客。

年余，小民过其地，人丛中猫入其怀，铺中人夺之去，悲鸣不已。至夜，小民卧舟中，闻篷间有声，视之，猫也，口衔一绫帨，帨内有金五两余。人谓之曰义猫。亦见《中吴纪闻》。

徐岳《见闻录》

山右富人畜一猫，其睛金，其爪碧，其顶朱，其尾黑，其毛白如雪。富人畜之珍甚。

里有贵人子见而爱之，以俊马易，不与；以爱妾易，不与；以千金购，不与；陷之盗，破其家，亦不与。因携猫逃至广陵，依于巨商家。亦爱其猫，百计求之，不得，以鸩酒毒之。猫即倾其酒，再斟再倾，如是者三。富人觉而同猫宵遁。遇一故人，匿于舟后，渡黄河，失足溺水。猫见主人堕河，叫呼跳号。捞救不及，猫亦投水，与波俱泪。

是夕，故人梦见富人云："我与猫不死，俱在天妃宫中。"天妃，水神也。故人明日谒天妃宫，见富人尸与猫俱在神庑下，买棺瘗之，埋其猫于侧。

《乐陵县志》

观音寺僧畜一猫，性甚驯，而文彩特异。忽数月不见，既乃归后寓寺中。南人贩茶者至，猫怒视之，乘其浴，齿其足拇不解。僧急扑之，客曰："勿怪也。吾持之以去，渡黄河时失之，不意其千里自返也。"人称义猫。张镠为之记。

《酉阳杂俎》

李和子性忍，常攘猫犬食之。常臂鹞立于衢，见二人紫衣呼曰："公非李和子乎？冥司追公。"因探怀中，出一牒，印窠犹湿。见其姓名，分明为猫犬四百六十头论诉事。

和子惊惧，弃鹞子拜祈之，且曰："必为我暂留。"鬼固辞，不获已，曰："君办钱四十万，为君假三年命也。"和子遽归，货衣具楮，焚之。及三日，和子卒。鬼言三年，盖人间三日也。

《夷坚志》

庖婢庆喜，置兔腊于厨，为猫窃食，而遭主母责骂，不胜愤愤，擒猫掷于积薪之上，适有木叉，正与腹值，签刺洞过，肠胃流出，呼弥一昼夜而绝。

后一岁，此婢因暴衣失脚仆地，为铦竹片所伤，小腹穿破，洒血被体，次日而亡，盖猫报也。

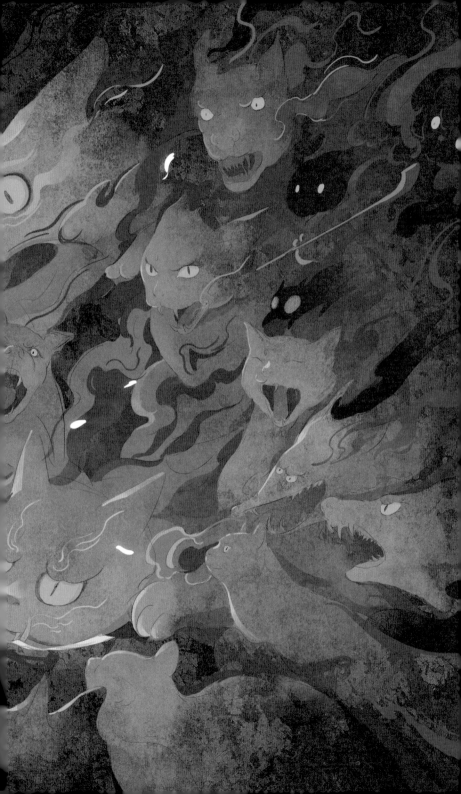

《夷坚附录》

唐侩之长子，偶自外挈市脯一块入室，旋为猫所啖，及酒暖，脯失之。床畔一铁火匙，随手即将其猫一击而毙。是晚，侩子即得病，立见其猫不离左右，半夜叫嚎而亡。

《矩斋杂记》

一村农蓄猫，色纯黑。猫傍炉火熟睡，遂镕锡叶口灌之，取其皮为冠。数日后，忽大呼："猫啮我喉！"喉舌塞，不下食而死。

《滦阳消夏录》

某夫人喜食猫，得猫，则先贮石灰于罂，投猫于内而灌以沸汤。猫为灰气所蚀，毛尽脱落，不烦拊治，血尽归于脏腑，内白莹如玉，云味胜鸡雏十倍也。后夫人病危，呦呦作猫声数十余日乃死。

又一宦家子，好取猫犬之类，拗折其足捩之，观其子子跳号以为戏，所杀甚多。后生子女，皆足踵反向。

言

《北梦琐言》

左军容使严遵美，一日发狂，手足舞蹈。旁有一猫一犬，猫忽谓犬曰："军容改常也。"犬曰："莫管他。"俄而舞定，自异猫犬之言。遇昭宗播迁，乃求致仕，竟免于难。陶宗仪曰："今人谓易其所守为'改常'，盖本于此。"

《续墨客挥犀》

鄱阳龚纪，应进士举，其家众妖竟作，召女巫使治之。有一猫正卧炉侧，家人指谓巫曰："吾家百物皆为异，不为异者独此猫耳。"于是，猫亦人立拱手而言曰："不敢。"巫大骇，驰去。数日，捷音至，知妖异未必尽为祸也。

化

《稽神录》

王建称尊于蜀，其嬖臣唐道袭为枢密使，夏日在家，会大雨，其所畜猫戏水于檐下，稍稍而长，俄而前足及檐，忽雷电大至，化为龙而去。

鬼

《隋书·外戚传》

独孤陁性好左道，其外祖母高氏先事猫鬼，转入陁家。会献皇后及杨素妻郑氏俱有疾，召医视之，皆曰："此猫鬼疾也。"

上以陁后之异母弟，陁妻杨素之异母妹，由是意陁所为，令推案之。陁婢徐阿尼言："事猫鬼，每以子日夜祀之。"子者，鼠也。其猫鬼每杀人，所死家财物潜移于畜猫鬼家。陁尝从家中索酒，其妻曰："无钱可酤。"因谓阿尼曰："可令猫鬼向越公家，使我足钱。"阿尼便咒之。居数日，猫鬼向素家。

后上初从并州还，陁于园中谓阿尼曰："可令猫鬼向皇后所，使多赐吾物。"阿尼复咒之，遂入宫中。杨远遣阿尼呼猫鬼，阿尼于是夜中置香粥一盆，以匙扣而呼之曰："猫女可来，无住宫中。"久之，阿尼面色黄青，若被牵曳者，云猫鬼已至。上赐陁夫妻死。

《金谷园记》

隋文帝开皇十八年五月，禁畜猫鬼、蛊毒、厌昧野道者。

《朝野佥载》

隋大业之季，猫鬼事起，家养老猫为厌魅，颇有神灵。递相诬告，被诛戮者数千余家。

《唐律疏义》

畜猫鬼者，流三千里。

《邵真人青囊杂纂》

猫鬼，老狸野物之精变为鬼蜮，依附于人。人畜之，以毒害人，其病心腹刺痛，食人肺腑，吐血而死。

《古今录验方》

妖魅猫鬼病，人不肯言鬼，以鹿角屑捣末，水服，即言实也。《保生余录》同。

《千金方》

猫鬼野道，用相思子、蓖麻子、巴豆各一枚，朱砂末、蜡各四铢，合捣丸，服之，即以灰围患人，面前着火中，沸即书一"十"字于火上，其猫鬼者死也。

《外台秘要》

猫鬼、野道，歌哭不自由，五月五日，自死赤蛇烧灰，井华水服。

魈

《夷坚志》

临安周五之女，美姿容，忽若有所迷，昼眠则终日不寤，夜则达旦忘寝。每到晚，必洗妆再饰，更衣一新，中夜眤眤如与人语，父母以为忧。有羽三者问其故，周具告之。羽曰："此猫魈也。"运法剑斩其首，女豁然醒，魈遂绝。

《洁古珍珠囊》

用蚕豆四十九粒，阴阳水浸。端午时咒之，埋室西北地下，令猫踞其上，七日化为猫精。

《夷坚志》

顾端仁秀才未娶妻。一日，恍惚间见一少女，颜貌光丽，从外入，径造其前。秀才以堕溺色爱，殆如痴人，而女子每夕必至。其父疑惧，率之投黄法师，黄曰："此必猫精也，当为诛绝。"书三符授之。

其夕，女不至。经数月，复来，咄曰："汝太无情，使黄法师害我，今三符皆在我手矣。"秀才迷，疾而殂。

怪

《说听》

金华猫，畜之三年后，每于中宵蹲踞屋上，仰口对月，吸其精华，久而成怪，逢妇则变美男，逢男则变美女。凡遇怪者，日久成疾，夜以青衣覆被上，迟明视之，若见毛，必潜约猎徒，牵犬至家捕猫，剥皮炙肉以食疾者，方愈。若男病而获雄，女病而获雌，则不治矣。

府庠张广文有女，年十八，殊色也，为怪所侵，发尽落，后捕得雄猫，始瘳。

《子不语》

靖江张氏婢美，有绿眼人戏之，每交合，其阴如刺，痛不可忍。张疑为猫怪，广求符术，不能制。既而雷震死一猫，大如驴。

《山川记异》

河南永宁天坛山中岩，有仙猫洞，世传燕真人丹成，鸡犬俱升仙，独猫不去，人尝见之，就洞呼仙哥，则闻有应者。亦见《图书编》。又元好问《仙猫洞诗》自注："是日，儿子叔仪呼猫，闻有应者。"

商喜

生卒年不详

明代画家。字惟吉，一作恒吉。会稽（今浙江绍兴）人。擅画山水、人物、花卉、走兽、翎毛，摹宋人笔意。精历史画，画法工致，笔法劲健，法度严谨。

[明] 商喜　《写生图》

［明］商喜 《戏猫图》（局部）

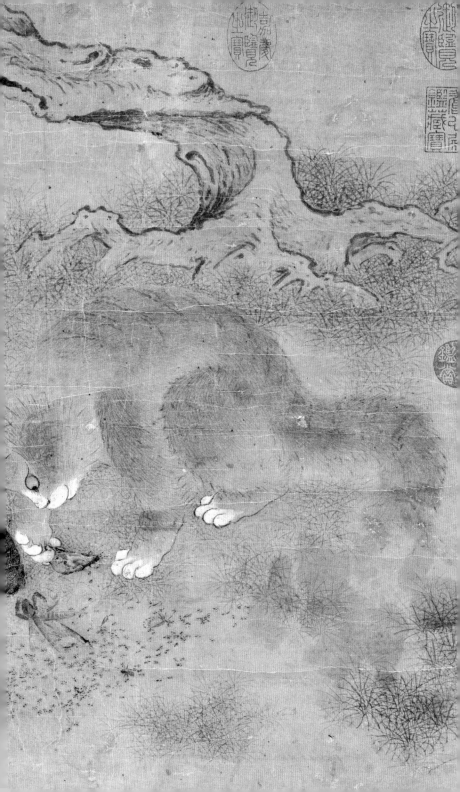

陶成

生卒年不详

明代书画家、诗人。字孟学，一作懋学，号云湖山人，
宝应（今属江苏）人。其生性疏狂，多才艺，擅画花鸟
人物。在京师时，不肯为达官作画，囊空时则取小扇
二三十，遍画题名，人争购以去，借此自给。

［明］陶成　《狸奴芳草图》（局部）

［明］陶成 《狸奴芳草图》（局部）

〔明〕陶成　《狸奴芳草图》（局部）

卷

五

种类

《玉屑》

中国无猫，种出于西方天竺国，不受中国之气。释氏因鼠咬坏佛经，故畜之。唐三藏往西方取经，带归养之，乃遗种也。

《剑南诗稿》

海州猫，为天下第一。

《华彝考》

朱彰为陕西庄浪驿丞，西蕃使臣入贡一猫，道经于驿，彰馆之，使驿问猫何异而上供。使臣云："欲知其异，今夕请试之，即可见矣。"其猫盛罩猫于铁笼，明日有数十鼠伏笼外，尽死。使臣云："此猫所在，虽数里外，鼠皆来伏死。盖猫之王也。"亦见《续巳编》。

《酉阳杂俎》

楚州射阳出猫，有褐花者；灵武猫，有青骢色者。

《夷坚志》

临安小巷民孙三者，一夫一妇，每旦携热肉出售，常戒其妻曰："照管猫儿，都城并无此种，莫要教外闻见。若放出，必被人偷去，切须挂念。"日日申言不已，邻里未尝相往还，但数闻其语，或云："想只是虎斑，旧时罕有，如今亦不足贵。"

一日，忽拽索出到门，妻急抱回，见者皆骇。猫干红深色，尾足毛须尽然，无不叹羡。孙三归，痛棰其妻。已而浸浸达于内侍之耳，即遣人以厚直评买。孙拒之曰："我爱此猫如性命，岂能割舍？"内侍求之甚力，竟以钱三百千取之。内侍得猫，不胜喜，欲调驯安帖，乃以进入。

已而色泽渐淡，才及半月，全成白猫。走访孙氏，既徙居矣。盖用染马缨绋之法，积日为伪。前之告戒、棰怒，悉奸计也。

《日知录》

山东、河北人谓牝猫为女猫。《隋书·外戚传》："猫女可来，无住宫中。"是隋时已有此语。

《江南野史》

曹翰使江南，韩熙载使官妓徐翠筠为民间妆饰，红丝标杖，引弄花猫以诱之。

《一统志》

暹罗产狮猫。

《事物绀珠》

狮猫身大，长毛蓬尾。吴之振有《咏狮子猫》诗。

《咸淳临安志》

都人畜猫，长毛白色者，名狮猫。盖不捕之猫，徒以观美，特见贵爱。

《老学庵笔记》

秦会之孙女封崇国夫人者，谓之"童夫人"，盖小名也。方六七岁，爱一狮猫，忽亡之，立限令临安府访求。及期，猫不获，府为捕系邻居民家，且欲劾兵官。兵官惶恐，步行求猫，凡狮猫悉捕致而皆非也。乃赂入宅老卒，询其状，图百本于茶肆张之。府尹因嬖人祈恳，乃已。《西湖志余》曰："府尹曹泳，因嬖人以金猫赂恳，乃已。"

《物理小识》

狮子猫，炙猪肝与食，令毛毿润。

《尔雅注》

蒙颂，即蒙贵，状如蜼而小，紫黑色，可畜，健捕鼠，胜于猫，九真、日南皆出之。《通雅》："蒙贵，或作蒙贡。"

《天香楼偶得》

蒙贵非猫也，今人称猫曰"蒙贵"，误。

《广志》

蒙獝有白有黑，有紫色，高足结尾，喜食鸡。

《海语》

獴獝一作獴俱，状酷类猫而大。诸国皆产，惟暹罗者良，舶估挟至广州，常猫见而避之，豪家每十金易一云。

《台海采风录》

海鼠大如豕，重百斤，目正赤，然犹畏猫，或畜之别囿，遇獴獝啮其目，死焉。

《诗》

有猫有虎。注："猫，貔猫也。"传："猫似虎，浅毛者也。"

《尔雅》

虎窃毛，谓之貔猫。注："窃，浅也。"

《事物绀珠》

野猫亦入人家，但难驯。其毛可作笔。

《夷坚志》

临江军治内野猫，两目如丹，出则以前足抱头而睢盱人立，凡见之者必有灾咎。

《食物本草》

野猫肉，味甘平，无毒。

《千金方》

野猫肉，补中益气，去游风。

《名医别录》

野猫肉，治诸痿。

《太平御览》

野猫肉，治鬼毒，皮中如针刺。孟诜曰："治鬼疟。"

《外台秘要》

野猫肉作羹臛，治痔及鼠瘘。

《儒门事亲》

正月勿食野猫肉，能伤神。

《本草衍义》

野猫阴茎，治妇人月水不通，男子阴癫。

《本草蒙筌》

野猫骨，在头者尤良。张杲曰："华佗有狸骨散，用其头。"

《证类本草》

野猫骨，能镇心安神。

《本草衍义补遗》

野猫骨，杀虫，治疳、瘰疬。

《外台秘要》

野猫骨，炙研为丸，服，治痔及瘘甚效。

《日华诸家本草》

野猫膏，治鼳鼠咬人成疮。

《洁古珍珠囊》

野猫肝，治鬼疟。《卫生宝鉴》同。

《雷公炮炙论》

野猫屎五月收干者可用。

《千金食治》

野猫屎烧灰，傅小儿鬼舐头疮。

《正字通》

狸，野猫也，有数种。大小如狐，毛杂黄黑。有斑如猫而圆头大尾者为猫狸，善窃鸡鸭，其气臭，肉不可食；有斑如貙虎而尖头方口者为虎狸，善食虫鼠果实，其肉不臭，可食；似虎狸而尾有黑白钱文相间者为九节狸，皮可供裘领。《宋史》安陆州贡野猫、花猫，即此二种也。一种似猫狸而绝小，黄斑色，居泽中，食虫鼠及草根者，名豽音迅。

《一统志》

安陆产野猫，花猫，其皮皆岁输贡。

《字林》

狸，伏兽，似貙。

《埤雅》

兽之在里者，故从里，穴居薶伏之兽也。

《本草衍义》

狸，形类猫，其文有二：一如连钱，一如虎文。皆可入药，肉味与狐不相远。

《图经本草》

狸，类甚多，虎狸堪用，猫狸不佳。陶弘景曰："猫狸亦好。"

《识小编》

蜃炭攻狸。

《癸辛杂识》

捕狸之法，必用烟薰其穴，却于别处开穴，张罝捕，如拾芥。

《礼记·内则》

狸，去正脊。注：为食之不利人也。

《淮南子》

狸头愈鼠。高诱云："鼠啮人，创狸愈之。"

《急效方》

瘰疬已溃，狸头烧灰傅之。

《太平圣惠方》

狸头、蹄骨，治瘰疬肿痛。

《卫生宝鉴》

神应丹，用狸全身烧过，入药。

《花木鸟兽集类》

斗鸡，以狸膏涂头则胜，鸡畏狸故也。

《尔雅》

狸，其足蹯，其迹厹。注：厹音钮，指头处也。

又狸子䖟。注：今或呼"猛狸"。《字林》："䝙，狸也。"

《方言》

狸，或谓之"貍"，或谓之"貓"，或谓之"貔"。

《封禅书》

注："狸曰不来。"李时珍曰："野猫之狸，未识即此否。"

《抱朴子》

老狸曰"令长"。

《搜神记》

齐顷公生于野，狸乳之。

《大周正乐记》

曾子曰："吾昼卧，梦见一狸。"

《后汉书》

费长房见一书生，曰："此狸也。"

《旧唐书》

武宏度父卒，庐墓侧有狸往来，甚驯。

《郁离子》

有狸夜取郁离子之鸡，追之弗及。明日，从者擭其入之所以鸡，狸来而縶焉，身縲而口犹在鸡，且掠且夺之，至死弗肯舍。

《梨洲野乘》

吴康斋蓄一鸡司晨，为狸所啮。作诗焚于土谷神祠云："吾家住在碧峦山，养得雄鸡作凤看。却被野狸来啮去，恨无良犬可追还。甜株树下毛犹湿，苦竹丛头血未干。本欲将情诉上帝，题诗先告社公坛。"后一夕雷雨天明，见狸震死坛前。

《关西故实》

苏武啮雪吞毡之日，天哀其忠贞，遣牝狸与之作伴，日则觅食哺之，赖以不死。武感其义，遂与为偶，因生一子。李陵致书云："足下允子无恙。即狸之所生也，并无胡妇生子焉。"

《幽明录》

费升为九里吏，向暮，女子来寄宿，升作酒食。至夜，升弹琵琶，令女歌，声甚媚。寝处向明，猎人至，群犬入屋，咬死于床，成大狸。

《法苑珠林》

晋海西公时，有孝子，母终，家贫无以葬，因移柩深山结坟，昼夜不休。将暮，有一妇人抱儿来寄宿，既睡，乃是一狸抱一乌鸡，孝子因打杀，掷后坑中。明日，有男子来问："细小昨行遇夜寄宿，今何在？"孝子云："止有一狸，即已杀之。"男子曰："君枉杀我妇，何得言狸，今何在？"因共至坑视，狸已成妇人，死在坑中，男子因缚孝子付官，应偿死。孝子乃谓令曰："此实妖魅，但出猎犬则可知。"令放犬，便化为老狸，射杀之。视前死妇人，已还成狸。

又晋太元中，瓦宫佛图前，淳于矜送客至石头城南，逢一女子，美姿容。矜悦之，二情既和，便结为伉俪。经久，养两儿。有猎者过，狗突入齰妇儿，并成狸。

《花木鸟兽集类》

晋乐广为河南尹，先是，河南官舍多妖怪，前尹皆不敢处正寝，广居之不疑。见墙下有孔，掘墙得狸，杀之，其怪遂绝。亦见《传子》。

《搜神记》

刘伯祖为河东太守，所止承尘上有神，能语，每诏书下，必预告消息，伯祖以羊肝唉之，醉而现形，乃一老狸。

《异闻录》

王度至程雄家，雄新受寄一婢，颇端丽，名曰"鹦鹉"。度疑其精魅，引镜逼之，化为老狸。

《志奇》

句容县民黄审，耕于田，有妇人过之，日日如此。审疑焉，以长镰斫其所随婢，妇化为狸走去，视婢，乃狸尾耳。

《文昌杂录》

资阳县民支渐，葬母，自负土成坟。有野狸来看上土，久之方去。

《盘山志》

野狸能食狸，故山中之猫，难蓄。

《邵真人青囊杂纂》

如圣散，用腊月野狸为之。

《本草纲目》

灵猫一名灵狸，或作蛉狸，一名香狸，一名神狸。《星禽真形图》有心月狐，其神狸乎？

《酉阳杂俎》

香狸有四外肾。

《异物志》

灵狸一体，自为阴阳，刳其水道连囊，以酒洒阴干，其气如麝，杂入麝香中，罕能分别。陈藏器曰："灵猫生南海山谷，状如狸，自为牝牡，其阴如麝，功亦相似。"

《西域记》

黑契丹出香狸，粪、溺皆香如麝气。

《丹铅录》

香狸，文如金钱豹，此即《楚词》所谓"乘赤豹兮载文狸"。王逸注为神狸者也。《南山经》："亶爰之山有兽焉，状如狸而有髦，其名曰类，自为牝牡，食者不妒。"补注云："土人谓之香髦。"《列子》亦云："亶爰之兽，自孕而生，曰类，疑即此物。"

《唐本草》

灵猫肉，味甘温，无毒。

《枕中记》

灵猫阴，烧灰酒服，治一切游风。

《蜀本草》

灵猫阴，治尸疰及痔瘘。

《锦囊秘览》

灵猫阴，治噎病不通饮食。

《兽经》

狸有一种面白而尾似牛，名"玉面狸"，又名"牛尾狸"，人家捕畜之，鼠皆帖伏，不敢复出。张揖《广雅》同。

《霏雪录》

玉面狸，谓之"风狸"，止食山果而乘风过枝，甚捷。其肉胜他狸，糟食尤佳。李时珍曰："大能醒酒。"

《食疗本草》

玉面狸，喜食百果，又名果狸，冬月极肥，为山珍之首。

《武林旧事》

市楼中有卖玉面狸者。

《杨诚斋集》

野人有为予生得牛尾狸者，献诸丞相周益公，侑以长句云："山童相传皂衣郎，字曰季狸氏奇章。"苏辙《牛尾狸》诗："首如狸，尾如牛。"曾几《牛尾狸》诗："生不能令鼠穴空，但为牛后亦何功。"吴省钦《果狸》诗："狸首歌斑然，而何白其面。"

《渑水燕谈》

毗狸，产契丹国，形类大鼠而足短，极肥，其国以为殊味。《古今诗话》："貔狸如鼠而大。"

《梦溪笔谈》

貔狸，味如豚肉而脆。

《画墁录》

南使至契丹，见毕，密供毗黎邦十头。毗黎邦，大鼠也，状如猪貒。或云："毗黎即貔狸。"

《家世旧闻》

貔狸极肥腯，为隙光所射，即死。亦竹䶉貒、狸之类耳。

《兽经》

南山有兽名风狸，如狙，眉长好羞，见人至，低头；无人至，乃于草中寻摸，忽得一草茎，折之，长尺许，窥树上有鸟集，指之，随指而堕，因取食之。

《卫生简易方》

风狸，亦猫类也。

《本草拾遗》

风狸，生邕州，似兔而短，栖息高树上，候风而吹至他树，食果子。

《天南行记》

至正二十六年，安南国进皇后方物状，有风狸一头。

《本草纲目》

风狸生岭南及蜀西山林中，其大如狸，其状如猿猴，其目赤，其尾短如无，其色青黄而黑，其文如豹。或云，一身无毛，惟自鼻至尾一道有青毛，广寸许，长三四分。其尿如乳汁，其性食蜘蛛，亦啖薰陆香。昼则蜷伏不动如蝟，夜则因风腾跃甚捷，越岩过树，如鸟飞空中。

人网得之，见人则如羞而叩头乞怜之态。人挝击之，倏然死矣，以口向风，须臾复活。惟碎其骨、破其脑，乃死。

《蜀本草》

风狸脑，酒浸服，愈风疾。

《桂海虞衡志》

风狸尿，治大风疾。陈藏器曰："治诸风。"

《十洲记》

风生兽，刀斫不入，火焚不焦，打之如皮囊，虽铁击其头破，得风复起；惟石菖蒲塞其鼻，即死。取其脑和菊花服至十斤，可长生。

《岭南异物志》

风母常持一杖，飞走悉不能去，见人则弃之。人取以指物，令所欲如意。《韵石斋笔谈》作狚狗母。李时珍曰："风生兽，风母平猴猞猁，皆风狸也。"平猴，见《广州异物志》，猞猁，见《酉阳杂俎》。

《海录碎事》

囊狸出贺州，色青黄，食果实，其香如麝。

《方舆胜览》

海狸出东海上，逢人则化鱼入海。

《本草纲目》

登州岛上有海狸，狸头而鱼尾。

《太平寰宇记》

豹似狸，能捕鼠。

《博物志》

虎仆，一名九节狸，毛可为笔。杨慎曰："一名九节狐。"

《通雅》《太平御览》有鼠郎。邢昺以鼷为鼠狼。《夏小正》有鼶鼬，即鼠郎也，今曰狼猫，江北曰黄鼠狼。按：《玉篇》："鼫鼠，头似兔，尾有毛，黄黑色，此状即狼猫也。"

《东西洋考》

印度国猫有肉翅，能飞。

《物类志》

唐时波斯伊嗣侯遣使献活褥蚸，形类鼠，青色，长八九寸，能入鼠穴取鼠。

《七修类稿》

俗以事不尽善者，谓之"三脚猫"。嘉靖间，南京神乐观道士袁素居，果有一枚，极善捕鼠，而走不成步，循檐上壁如飞也。

《辍耕录》

张明善《讥时·水仙子》*云："三脚猫渭水飞熊。"

《五灯会元》

三面猫奴脚踏月。

---

* 编者注：张鸣善（生卒年不详），名择，号顽老子，平阳（今山西临汾）人。《全元散曲》中华书局 2018 年版，第 1452 页收录小令十三首，套数两篇。"明"应为"鸣"，"讥时·水仙子"应为"[双调]水仙子·讥时"。

仇英

约 1506—约 1555

明代画家。字实父，一作实甫，号十洲。苏
州太仓（今属江苏）人。出身工匠。早年以
善画结识许多名家，与沈周、唐寅、文征明
合称"吴门四家"。善画人物、山水、花鸟、
楼阁界画，尤精仕女。画法主要师承赵伯驹
和南宋院体，以工笔重彩为主。

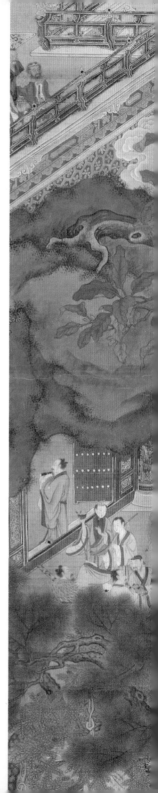

[明] 仇英　《群仙会祝图》（局部）

［明］仇英　《汉宫春晓图》（局部）

卷

六

杂缀

《旧唐书》

李义府笑中有刀,温柔而害物,故人谓之"李猫"。《新唐书》曰:"号曰'人猫'。"

《南唐书》

李德来一作柔,善伺人阴私,人号"李猫儿"。

《朝鲜史略》

朴仁平,以奸巧得幸,时人目为"人猫"。

《集仙传》

唐僖宗时,应靖弃官学道,眼光如猫。

《坚瓠集》

唐虞怀慎，好视地，人目为"觑鼠猫儿"。

《宋史》

郭忠恕纵酒跅弛，逢人无贵贱，辄呼猫。《十国春秋》及苏轼《郭忠恕画赞》皆作"口称猫"。

《清波杂志》

章惇将死，化为猫。

《管窥小识》

嘉兴贡院内，有魅如猫。

《滇黔纪游》

宾川州瘴气浓时，妇女或变为猫。

《峒溪纤志》

僰彝近水居，能变猫，夜入人家。

《赤嵌笔谈》

台湾番女，幼时多以猫名之。

《方舆纪要》

回回人，象鼻猫睛。

《一统志》

金华洞有一石猫，其额有珠。

《悬筒琐探》

四川有兽，似猫而小，名曰石虎。

《瀛涯胜览》

哑鲁产飞虎，大如猫。

《山海经》

阴山有兽如狸，曰天狗，音如猫。

《白泽图》

粪神名白虎，状如猫。

《徐氏笔精》

瓦猫好险，檐前兽。

褚仁获《坚瓠集》有咏无锡纸糊猫诗。

《癸辛杂识》

船具有铁猫儿。

《陈定宇文集·木猫赋》

云："惟木猫之为器兮，非有取于象形。设械机以得鼠兮，配猫功而借名。"

《杜阳杂志》

韩志和能刻木作猫儿以捕鼠，置关捩于腹内，机巧入神。

《武林市肆记·小经记》

有竹猫儿。

《贵耳录》

学舍燕集点妓，专有一等野猫儿充报。

《鉴戒录》

陈裕咏《浑家乐》诗："骨子猫儿尽唱歌。"

《祐山杂说》

嘉兴宣公桥失火，黄湛泉舟泊桥下，望见火中一物，如猫，火愈炽，其物愈大。

《奇疾方》

猫眼睛疮，似猫儿眼，多吃鸡鱼，自愈。

《名医别录》

枣猫，树上飞虫也。《女红余志》："仙蜂，形如猫。"

《田夫书》

斑猫，亦名斑蝥。

《宝藏论》

泽漆，一名猫儿眼睛草，以其叶圆而黄绿，颇似猫眼也。

亦见《土宿真君造化指南》。

《救荒本草》

蔬类有猫耳朵，形似猫之耳，可蒸食。《野菜谱》："猫耳朵，

听我歌：今年水患伤田禾，仓廪空虚鼠弃窠，猫兮猫兮将奈何。"

《本草衍义》

枸骨，又名猫儿刺。《通雅》曰："猫头刺，即枸橘。"

《陕西通志》

黍属，有红猫蹄，有白猫蹄。

《群芳谱》

猫竹，又名猫头竹，其根如猫头。洪适有《猫头竹》诗。

《笋谱》有绵猫；《日华诸家本草》有猫蓟。

《谈荟》

理宗穿云琴，金猫睛为徽，龙肝石为轸。

《砚谱》

端人谓石嫩则多眼，眼之别，有猫眼。

《方舆胜览》

细兰国出猫眼石，莹洁明透如猫眼睛。

《辍耕录》

猫睛石中含活光一缕。徐岳曰："猫眼、龙睛，皆珍玩也。"

《香祖笔记》

武林金编修家有猫眼宝石，其睛正午则如一线，过午即圆。

《格古要论》

猫睛出南蕃，性坚，黄如酒色。睛活者，中间一道白横搭，转侧分明。猫儿眼睛一般者为好，若眼散及死而不活者，或青黑色者，皆不奇。大如指面者尤佳，小者价轻，宜相嵌用。《坤舆图说》："伯西尔妇人，凿颐嵌猫睛。"

《武夷山志》

猫儿石，卧伏如猫。

《黄山志》

猫石，在莲花洞，两耳竖，尾背俱全。

《太平寰宇记》

象州猫儿山，形状如猫。

《元史》

播州有木猫洞。

《辍耕录》

播州有猫儿垭。

《一统志》

镇宁州有猫儿河。

《陕西通志》

有猫儿堡。又天河县有猫溪水。

《贵州通志》

贵筑县有金猫捕鼠山。

《舆地记》

池州有猫儿溪。

《使署闲情》

台湾番有猫儿千社。

《蜀道驿程记》

有猫儿峡。

《梦粱录》

临安有猫儿桥巷。

《江南通志》

邳州有猫儿窝。

《广舆记》

大同有猫儿庄。

《林屋民风》

太湖中有猫儿山。亦见《图书编》。

《明史纪事本末》

广东有猫尾港，四川有猫儿冈，塞外有猫儿庄。《外国传》有合猫里。

《台湾府志》

女未嫁者，另居一舍，曰猫邻。

《分门琐碎录》

金人谓干事不净曰"猫儿头生活"。

《辍耕录》

院本名目，有《莺哥猫儿》，又有《变猫》。

《武林旧事》

曲牌名有《琥珀猫儿坠》。

《官本杂剧》

段数有《变猫封铺儿》。

《乾淳舞队品目》

有猫儿相公。

《潜居录》

俗称赘婿曰野猫，谓衔妻而去也。

幻寄

顾虎头依样画猫儿。

《五灯会元》

祖庵主偈云："明朝依样画猫儿。"

《十国春秋》

前蜀刁光,工画猫。

《宣和画谱》

唐刁光,有《桃花戏猫图》《竹石戏猫图》《药苗戏猫图》《子母猫图》《子母戏猫图》《群猫图》《猫竹图》《儿猫图》。

又韦无忝有《山石戏猫图》《葵花戏猫图》。

《春雨杂述》

欧阳公尝得一古画牡丹，其下一猫，永叔未知其精妙。丞相正肃吴公一见，曰："此正午牡丹丛。何以明之？其花敷妍而色燥，此日中时花也；猫眼黑睛如线，此正午猫睛也。"

《广川画跋》

边鸾作《牡丹图》，而其下为人畜小大六七相戏状。沈存中言："有辨日中花者，猫目睛中有竖线。世且信之，目中竖线，帖画殆难矣。鸾名最显，而于猫睛中不能为竖线，想余工决不能然。"

《宣和画谱》

五代道士厉归真，有《猫竹图》。

又李霭之画猫最工，世之画猫者，必在于花下，而霭之独在药苗间。今御府所藏，有《药苗戏猫图》《醉猫图》《药苗雏猫图》《子母猫图》《戏猫图》《小猫图》《子母猫图》《蚤猫图》。

又郭乾晖有《猫图》，郭乾祐有《顾蜂猫图》。

又五代黄筌有《牡丹戏猫图》《戏猫桃石图》《捕雀猫图》《逐雀猫图》《山石猫犬图》《竹石小猫图》《蟆蝈戏猫图》《子母戏猫图》《子母猫图》《食鱼猫图》。

米芾《画史》

黄筌画《狸猫颤荔荷》，甚工。

《画继》

阿阳陈与权家，有黄筌《牡丹驯狸图》。

米芾《画史》

何尊师，江南人，亡其名善画猫儿，罕见其比。所画有寝觉者、展膊者、群戏者，皆造于妙。观其毛色纯鬈，体态驯扰，尤可赏爱。展膊亦见《名画评》。

《宣和画谱》

何尊师以画猫专门。凡猫之寝觉行坐，聚戏散走，伺鼠捕禽，泽吻磨牙，无不曲尽猫之态度。今御府所藏，有《葵石戏猫图》《山石戏猫图》《葵花戏猫图》《葵石群猫图》《子母戏猫图》《苋菜戏猫图》《子母猫图》《薄荷醉猫图》《群猫图》《戏猫图》《醉猫图》《石竹戏猫图》。

《尊生八笺》

何尊师画猫，则鼠潜避。《云烟过眼录》："何尊师，或是黄字之讹。"

《苏文忠公集》

危日画猫，能辟鼠。

《图绘宝鉴》

宋靳青，绛之驿卒也，画猫能逼鼠。杨维桢《图绘宝鉴》序：
"如画猫者，张壁而绝鼠。"

《画继》

宋僧道宏，峨眉人，往人家画猫，则无鼠。

《历代名画记》

张萱有《戏猫仕女图》。

《宣和画谱》

黄居寀有《戏蝶猫图》，黄君宝有《牡丹猫雀图》《雏猫
图》，滕昌祐有《芙蓉猫图》《茴香戏猫图》，吴元瑜有《紫芥
戏猫图》。

《丹青志》

王凝有《绣墩狮猫图》。宋祈曰："画猫，近罕其俦。"

《画史会要》

王凝工画鹦鹉、狮猫等，不惟形象之似，亦兼取其富贵态度，自是一格。

米芾《画史》

徐熙《牡丹图》上有一猫儿。余恶画猫，数欲剪去，后易研与唐林夫。

《曝书亭集》

赵昌、徐熙、崔白，俱有《牡丹戏猫图》。

《画史》

宋徽宗有《狸奴衔鱼图》。

祝允明《怀星堂集》

宋徽宗画猫一幅，纸高二尺有六寸阔半之。为猫三：一质纯黄，面特白，立前足正视；一杂斑质，为瑇瑁文，挛足回尾绕其腹；一白者，正面熟寐。三躯相支依，毛彩错互，细察乃辨，神状生发若相鸣。下有锦藉，上方题曰"宣和殿制"。次行曰"赐贯"，"贯"字下印曰"御书之印"，盖赐童珰者。

《无声诗史》

南宋朱绍宗有《薄荷醉猫图》。

《画史会要》

朱绍宗画猫，描染精邃，远过流辈。

《铁网珊瑚》

易元吉有《乳猫图》。

《曝书亭集》

易元吉有《藤墩戏猫图》。

《书画见闻录》

高蔚生《蕉下蹲猫图》，蕉叶染色，余皆水墨，猫飞白。

《石渠宝笈》

《富贵花狸》一轴，宋人笔也。

《铁网珊瑚》

张茂有《戏猫仕女图》。

《粤语》

李子长画猫儿，毛骨如生，鼠见惊走。

《书话见闻录》

明宣宗《宫猫图》，猫七头，蜂二，落果三，猫看蜂
蹴果。

《敬业堂集》

有题壁上画猫诗。

《樊榭山房集》

邱余庆画有《月季猫》。

《墨鳞集》

张震画猫极工。

朱耷

626—1705

清代书画家、诗人。为明朝宗室，宁王朱权
后裔。本名统，号八大山人，江西南昌人。
曾出家，后还俗，又入道。擅画花鸟、山水、
竹木，其绘画技法熟练，风格独特，在清代
艺坛上享有极高的声誉，被认为是"水墨写
意画领域内的一座高峰"。

［清］朱耷 《猫石图》（局部）

卷

七

文

崔祐甫《猫鼠议》

右今月日，中使某宣进，上以笼盛猫鼠示百僚。臣闻天生万物，刚柔有性，圣人因之，垂范作则。

《礼记·郊特牲》篇曰："迎猫，为其食田鼠也。"然则猫之食鼠，载在《礼经》，以其除害利人，虽微必录。今此猫对鼠不食，仁则仁矣，无乃失于性乎？

鼠之为物，昼伏夜动，诗人赋之曰："相鼠有体，人而无礼。"又曰："硕鼠硕鼠，无食我黍。"其序曰："贪而畏人，若大鼠也。"臣旋观之，虽云动物，异于麋鹿麏兔，彼皆以时杀获，为国之用。此鼠有害，亦何爱而曲全之？猫受人养育，职既不修，亦何异于法吏不勤触邪，疆吏不勤扞敌？又按礼部式，具列三瑞，无猫不食鼠之目。以兹称庆，臣所未详。伏以国家化洽治平，天符荐至，纷纶杂沓，史不绝书。今兹猫鼠，不可滥厕。若以刘向《五行传》论之，恐须申命宪司，察听贪吏，诫诸边候，无失徼巡。猫能致功，鼠不为害。

韩愈《猫相乳说》

司徒北平王家猫，有生子同日者，其一死焉。有二子，饮于死母，母且死，其鸣咿咿。其一方乳其子，若闻之，起而若听之，走而若救之，衔其一置于其栖，又往如之，反而乳之，若其子然。

噫，亦异之大者也！夫猫，人畜也，非性于仁义者也，其感于所畜者乎哉！北平王牧人以康，伐罪以平，理阴阳以得其宜。国事既毕，家道乃行，父父子子，兄兄弟弟，雍雍如也，愉愉如也，视外犹视中，一家犹一人。夫如是，其所感应召致，其亦可知矣。

《易》曰"信及豚鱼"，非此类也夫！愈时获幸于北平王，客有问王之德者，愈以是对。客曰："夫禄位贵富，人之所大欲也。得之之难，未若持之之难也。得之于功，或失于德；得之于身，或失于子孙。今夫功德如是，祥祉如是，其善持之也可知已。"因叙之为《猫相乳说》云。

杨夔《蓄猫说》

　　敬亭叟之家，毒于鼠暴，穿桷穴墉，室无全宇。咋齿筐筐，䶦无完物。乃赂于捕野者，俾求狸之子，必锐于家畜。数日而获诸，忊逾獢骏，饰茵以栖之，给鳞以茹之。抚育之厚，如字诸子。其撄生搏飞，举无不捷。鼠慑而殄影，暴腥露膻，纵横莫犯矣。然其野心，常思逸于外，罔以子育为怀。一旦怠其绁，逾垣越宇，倏不知其所逝。叟惋且惜，涉旬不弭。

　　宏农子闻之，曰："野性匪驯，育而靡恩，非独狸然，人亦有旃。梁武于侯景，宠非不深矣；刘琨于匹磾，情非不至矣；既负其诚，复返厥噬。"呜呼！非所畜而畜，孰有不叛者哉？

舒元舆《养狸述》

野禽兽可驯养而有裨于人者，吾得之于狸。狸之性，憎鼠而嘉爱，其体跤其文斑，予爱其能息鼠窃，近乎正且勇。

尝观虞人有生致者，因得请归，致新昌里客舍。舍之初未为某居时，曾为富家廪，墉堵地面，甚足鼠窃。穴之口光滑，日有鼠络绎然。某既居，果遭其暴耗。常白日为群，虽敲拍叱吓，略不畏忌。或暂鼋俯跧踞，须臾复来，日数十度。其穿甲孔箱之患，继晷而有。昼或出游，及归，其什器服物悉已破碎。若夜时，长留缸续晨，与役夫更吻驱呵，甚扰神抱。有时或缸死睫交，黑暗中又遭其缘榻过面，泊泊上下，则不可奈何。或知之，借楱以收拾衣服，未顷则楱又孔矣。予心深闷，当其意欲掘欲诛剪，始二三十日间未果。颇患之，若抱痒疾。

自获此狸，尝阖关实窦，纵于室中。潜伺之，见轩首引鼻，似得鼠气，则凝蹲不动。斯须，果有鼠数十辈接尾而出。

狸忽跃起，竖瞳迸金，文毛磔斑，张爪呀牙，划泄怒声。鼠党帖伏不敢窜。狸遂搏击，或目抉牙截，尾捎首摆，瞬视间，群鼠肝脑涂地。追夜，始背缸潜窥，室内洒然。予以是益宝狸，命常自驯饲之。到今仅半年矣，狸不复杀鼠，鼠不复出穴，穴口有土，虫丝封闭。向之韫椟服物，皆纵横抛掷，无所损坏。

噫！微狸，鼠不独耗吾物，亦将咬啮吾身矣。是以知吾得高枕坦卧，绝疮痏之忧，皆斯狸之功。异乎！鼠本统乎阴虫，其用合昼伏夕动，常怯怕人者也。向之暴耗，非有大胆壮力，能凌侮于人，以其人无御之之术，故得恣横若此。今人之家，苟无狸之用，则红墉皓壁，固为鼠室宅矣，甘酸鲜肥，又资鼠口腹矣。虽乏人智，其奈之何。

呜呼！覆焘之间，首圆足方，窃盗圣人之教甚于鼠者，有之矣。若时不容端人，则白日之下，此得骋于阴私。故桀朝鼠多而关龙逢斩，纣朝鼠多而王子比干剖，鲁国鼠多而仲尼去，楚国鼠多而屈原沉。以此推之，明小人道长，而不知用君子以正之，犹向之鼠窃，而不知用狸而止遏。纵其暴横，则五行七曜，亦必反常于天矣。岂直流患于人间耶！某因养狸而得其道，故备录始末，贮诸箧内，异日持谕于在位之端正君子。

陈黯《末猫说》

昔有兔类而小，食五谷于田。及谷熟，农者获而归之，兔类而小者亦随而至，遂潜于农氏之室。善为盗，每窃食，能伺人出入时。主人恶之，遂题曰"鼠"。

乃选才可捕者而举言。其人曰："莽苍之野有兽，其名曰'狸'。有爪牙之用，食生物，善作怒，才称捕鼠。"遂俾往，须其乳时，探其子以归畜。既长，果善捕，而遇之必怒而搏之。为主人捕鼠，既杀而食之，而群鼠皆不敢出穴。虽己食而捕，人获赖无鼠盗之患，即是功于人。何不改其狸之名，遂号之曰"猫"。猫者，末也。莽苍之野为本，农之氏为末。见驯于人，是陋本而荣末，故曰猫。

猫乃生育于农氏之室，及其子，已不甚怒鼠。盖得其母所杀鼠食而食之，以为不搏而能食。不见捕鼠之时，故不知怒。又其子则疑与鼠同食于主人，意无害鼠之心。心与鼠类，反与鼠同为盗。农遂叹曰："猫本用汝怒，为我制鼠之盗。今不怒鼠，已是诚失汝之职。又反与鼠同室，遂亡乃祖爪牙之为用。而有鼠之为盗，失吾望甚矣！"乃载以复诸野，又探狸之新乳归而养，既长，遂捕鼠如曩之获者。

来鹄《猫虎说》

农民将有事于原野，其老曰："遵故实以全其秋，庶可望矣。"乃具所嗜为兽之羞，祝而迎曰："鼠者，吾其猫乎？豕者，吾其虎乎？"

其幼戚曰："迎猫可也，迎虎可乎？豕盗于田，逐之而去；虎来无豕，馁将若何？抑又闻虎者，不可与之全物，恐其决之怒也；不可与之生物，恐其杀之怒也。如得其豕，生而具全，其怒滋甚。射之攫之，犹畏其来，况迎之邪？噫！吾亡无日矣。"

或有决于乡先生。先生听然而笑曰："为鼠迎猫，为豕迎虎，皆为害乎食也。然而贪吏夺之，又迎何物焉？"由是知其不免，乃撤所嗜，不复议猫虎。

洪适《弃猫文》

　　洪子适武林，馆黄氏逆旅。屏烛未顷，群鼠纵横，厥声万状，及旦乃止。主人有猫而不能捕，因为文以弃之。

　　天赋群物兮，介毛鳞翼；人所字养兮，资其有益。若马可以驰驱，若牛可以垦殖，犬有弭盗之功，鸡有司晨之德，鸽之传书，鹰之挚击，凡若此者故，所以居人居而食人食。彼凫鹥无所施其劳，是以供人之烹炙。惟兹猫焉，捕鼠为职。热则肆乎温凉，寒或登于寝席，鱼肉膏粱，饫充其臆。念此逆旅，曷其多鼠，乘夜伺昏，群游类聚，方切切以穿墉，俄累累而循户；腾践裀褥，反覆器具；或啮我衣，或食我黍；斗暴喧呼，纵横党与。余欲投而忌器，余欲射而鲜弩，抚几之不能畏，挥杖之不能去上声。将谓主人有某某氏之风，故使恶物得以集其群侣。因熟寝以终宵，恣微虫之旁午。旦召主人，历诹其故。主人告余，有猫四五，饲养弥年，屡不能捕。

　　余谓主人："来，吾语汝。汝岂不见夫国家之设官乎？宠以高位，畀以厚禄。相图治于朝端，将折冲于边服，外台澄案于列城，守令抚柔于萌俗。负辞藻者，跻翰墨之选厉；威概者，列弹劾之属。善心计则司货财，明枉直则尸刑狱。凡厥庶僚，各庀其局，一有旷瘝，旋跻屏逐，人尚如然，况于微畜。胡为汝猫，乃蒙含育，彼既不能咋喉而使之迹绝，又不能游堂而使之安穴，犹乞食以求餐，敢张颐而伸舌？非罢懦之弗堪，殆尸素而饕餮。今汝槐无全衣，室无全器，以穿屋为常，以盗肉为易，致阴类之公行，宜汝猫之获戾。曷不投远地，而迎善捕者代之，则将杀鼠如邱，而庶几安枕卧矣。"主人曰："唯。"

李贤《狸奴说》

天顺改元，予始入阁，自幸得见平生未见之书。阅厨捡之，往往为鼠所啮，及见群鼠往来自若，略不避人，予甚怪之。左右曰："此鼠阅人多矣，自永乐、宣德以来皆然，真鼠之黠者。"

予谓此类安可纵之，乃谋诸左右，设机以捕，仅得其一二焉。由是益横，凡枕席几案，书史图籍，俱为游戏憩卧之所，在在处处，罔不遗秽。昼而拂之，夜则复然。虽密其窗户，必得隙而入；或新装书册，稍不闭藏，必碎其装而画其糊，不胜其扰。乃市一小狸奴，置阁中，晨视游戏憩卧之所，悉所遗秽，予且喜且异。夫以内府深广，而狸奴以微小之躯，力单势弱，一入其中，不动声色，顿使群鼠潜踪避去。

何哉？或曰："此其职也，天赋其性能尔。"予曰："岂尽然邪？有猫见鼠而不捕者，有鼠见猫而不惧者，又有与之同眠相戏相啮者。然则，若此狸奴，岂易得耶？"《记》曰："迎猫，为其食田鼠也。猫之职，固在捕鼠以除害，必如狸奴，斯称其职，无愧矣。"

呜呼！士受朝廷之职者，视猫奴，亦盍警欤？作《狸奴说》。

薛瑄《猫说》

余家苦鼠暴，乞得一猫，形魁然大，爪牙锯且利。私计鼠暴不复患矣。以未驯维絷之群鼠，闻其声，窥其形，类有能者，屏不敢出穴者十余日。

既而以其驯也，解其维絷，适睹出壳鸡雏，鸣啾啾焉，遽起而捕之，比逐得，已下咽矣。家人欲执而击之，余曰："毋庸！物之有能者必有病，噬鸡，是其病也，独无捕鼠之能乎？"遂释之。

已而则伈伈泯泯，饥哺饱嬉，一无所为。群鼠复潜窥，以为彼将匿形致己也，犹屏伏不敢出。既而鼠窥之益熟，觉其无他异，遂历穴相告云："彼无为也。"遂偕其类复出，为暴如故。余方怪甚，然复有鸡雏过堂下者，又亟往捕之而走。追，则啖者过半矣。余之家人执而至前，数之曰："天之生材不齐，有能者必有病。舍其病，犹可用其能也。今汝无捕鼠之能，而有噬鸡之病，真天下之弃材也！"遂笞而放之。

唐顺之《续猫相乳说》

猫相乳，古未之有也，自唐以来，至今仅两见耳。

然在马北平家，特以异母而乳无母之子，犹曰"怜其无所于乳也而乳之"云耳。而在博士吴君家，特以二母交相为乳焉，是尤可异也。夫此二者，其为和气之致，信矣。

余窃以为，唐德宗崎岖兵戈间，内辑外捍，合暌为同，用武功致天下之和，故其为瑞也，特见于武臣之家。矧今天子敛福锡极，匦洽胎卵，以文德致天下之和，故其为瑞也，亦特见于儒臣之家。然则谓其为天下之瑞焉可也，昌黎以为一家之瑞，狭矣。虽然和气之寓乎宇宙也，其发也必有以起之，其凝也必有以钟之。史称北平为将，独先拊循，至殚家以赏士，甘苦与同之，使德宗能以武功致天下之和者，北平实多力焉，其获兹瑞也，宜无足怪。而吴君岂弟而不陂诸兄弟之子，更相子也，友让之义信乎其家，而长者之风行乎其官，以能不负天子菁莪育材之意，其亦有斯猫之谊欤?

由此言之，二氏之瑞，皆有以钟之，虽谓一家之瑞，亦可也。抑闻之史氏，又言北平后与李抱真为隙，遂以私忿隳其前功，是北平终有愧于兹瑞，而吴君方且益崇令德，协恭僚寀，以倡诸生而陶之太和，则兹瑞也其将专于吴氏矣乎？书以望之。

王世贞《戏为狮猫弹事》

御史府臣言，某月某日，据仓部校尉申称，部界中有剽寇齁氏、齁氏，大小数十百辈，乘夜缘劫仓粮一千五百五十六合有奇，见捕未获，遂据左右厢游徼申称，少府衣帛，夜不知何人盗去一百余事，践啮损二百余事。右前件地方，俱系刺奸大将军执金吾苗狻猊所领。

某月某日，复据故纳言以白衣领职鹦鹉息男吉了诣台诉列称："故父鹦鹉，蒙天子异恩，待诏公车，日承顾盼，偶以忤旨，俘絷门下省。某日夜分，刺奸苗狻猊来，诡称有诏，诘问未毕，辄将父衣裾挦扯，拔发摘捶，血肉狼藉致死，身尸移置别居，啻食至尽，惟余破衣裾见存。盖缘父鹦鹉存日，曾为天子言苗狻猊过恶，致乘间修郄，横陷非命。"当日复据江北新向化人元鸟诉列："鸟自离弃北地，投诚王化，荷主上怜念，敕将作大匠，为置营居第一所，大司农给廪食。感激上恩，衔结思报，不意何者为刺奸苗狻猊帅领牙从，将鸟妻

文 / 193

及二子辄便扑杀，赀产荡尽，栖托无所。"

臣欲行推对，缘系大臣，未敢擅便勾摄。谨按：刺奸大将军执金吾苗狻猊，拥尰贱材，支离小器，谬以形似，护忝非常。既列牙爪之官，复寄于捆之任，谓宜夙夜在公，谯何奸窃，蠲省嗜好，煎涤旧痼，而乃大肆豺虎之威，自如犬羊之性，畸龁命吏，害及衣冠，左右盗臣，祸深城社。昔梁冀带剑入省，尚书尚能叱夺。《礼》："齿路马，有诛。"而狻猊敢于禁地挟仇，矫僇言路之臣。白起挟诈，爰辜杜邮之诛；李广杀降，终来失道之刜。而狻猊贪嗜货财，甘同盗贼，上乖天子好生之德，下闭远人慕化之路。至于仲尼不欲之对臧孙诘盗之辞，上行下效，载有明征，鳏职旷官，此其小者。

臣又闻之先民有言，见无礼于君者诛之，若鹰鹯之逐鸟雀也。臣居间，见狻猊出入掖廷，游戏自若，或小遗殿上，或卧吐车茵；喜则摇尾，怒则张牙，恶不可极，渐不可长。臣谨以劾，请以见事免狻猊所居官，收付廷尉，法狱。治事见阙仍下三公尚书仆射，以裨日博选贲皇之裔，廉谨勤干者充之。其为髯鬣貌者置勿用。一面督捕豽貐诸党，及根究两厢失事。状以闻。汪廉《鼠弹猫文》不录。

胡侍《骂猫文》

　　家有白雄鸡，畜之久矣，乃者栖于树颠，而横遭猫啖。乃呼猫俾前而骂之，曰："咄，汝猫！汝无他职，职在捕鼠。以兹大蜡，古也迎汝。不鼠之捕，曰职不举，而又司晨之禽焉是食，计汝之罪，匪直不职而已也！咄，汝猫！相鼠有类，实繁厥徒；或登承尘，或撼户枢，或缘榻荡几，或噆尊舐盂，或覆衾孔棷，或齰图褫书。汝于是时，傥伺须臾，即不逾房闼，而汝之腹以饫，人之害以除矣；其或不然，则但据地长号，咆哮噫乌，虽不鼠辈之克殄，而声之所慑，鲜不缩且逾矣。而寂不汝闻，杳焉其徂，吾不意汝窥高乘虚，越垣历厨，缘干超枝，攀柯摧莩，而劳苦于一鸡之图。鼠为人害，汝则保之；鸡具五德，汝则屠之；鼠也奚幸，鸡也奚辜！虽则，汝有不若汝无，无汝则鼠之害不益于今，而鸡之祸吾知免夫。"

魏禧《画猫记》

　　壬子六月，宿与日并直危，俗传二危合画猫，鼠辄辟去。吴中王忘庵，故工是。

　　宗人石园自昆山买舟来乞画，画成，予适至，属记之。竖尾侧首，耸身左顾而攫，两目光横横射人。猫类虎，《礼》："迎猫除田鼠，并虎祀。"近世猫失其职，与鼠朋为奸，食主人之食，不除其害，又益害焉，不虎而鼠矣。郅都寓像边，人不敢射，似固有胜真者。抑忘庵志在除害，画有神，不以日与？是日也，予亦索忘庵画石园记之。

沈起凤《讨猫檄》

　　门人黄之骏豢一猫，斑斓如虎，群以为俊物。置诸书架旁，终日憨卧，喃喃呐呐，若宣佛号。或曰此念佛猫也，名曰"佛奴"。

　　鼠耗于室，见佛奴，始犹稍稍敛迹，继跳梁失足，四体堕地。佛奴抚摩再四，导之去。嗣后，众鼠俱无畏意，成群结队，环绕于侧。一日，踏肩登背，竟啮其鼻，血淋淋不止。黄生将乞刀圭以治，予适过之，叱曰："畜猫本以捕鼠，乃不能剪除，是溺职也；反为所噬，是失体也；正宜执鞭棰而问之，何以药为？"

　　因作檄文讨之曰："捕鼠将佛奴者，性成懦，貌托仁慈，学雪衣娘之诵经，冒尾君子之守矩。花阴昼懒，不管翻盆；竹簟宵慵，由他凿壁。甚至呼朋引类，九子环魔母之宫；叠辈登肩，六贼戏弥陀之座。而犹似老僧入定，不见不闻；傀儡登场，无声无臭。优柔寡断，姑息养奸。遂占灭鼻之凶，反中磨牙之毒。阎罗怕鬼，扫尽威风；大将怯兵，丧其纪律。自甘唾面，实为纵恶之尤；谁生厉阶，尽出沽名之辈。是用排楚人犬牙之阵，整蔡州骡子之军。佐以牛裈，加之马索，轻则同于执豕，重则等于鞭羊。悬诸狐首竿头，留作前车之鉴；缚向麒麟楦上，且观后效之图。其奋虎威，勿教兔脱。"

婴戏图

又称"戏婴图"，以描绘孩童玩乐情景为主，

是中国传统人物画之一。

〔元〕佚名　《同胞一气图》（局部）

卷

八

诗

黄庭坚《乞猫》诗

秋来鼠辈欺猫死，窥瓮翻盘搅夜眠。
闻道狸奴将数子，买鱼穿柳聘衔蝉。

《后山诗话》："黄鲁直《乞猫》诗，虽滑稽而可喜，千载而下，读
者如新。"《老学庵笔记》："先君读山谷《乞猫》诗，叹其妙。"

又《谢周元之送猫》诗

养得猫奴立战功，将军细柳有家风。
一箪未厌鱼餐薄，四壁常令鼠穴空。

罗大经《猫诗》

陋室偏遭黠鼠欺，狸奴虽小策勋奇。

扼喉莫讶无遗力，应记当年骨醉时。

张天觉《猫》诗

白玉狻猊藉锦茵，写经湖上净名轩。

吾方大谬求前定，尔亦何知不少喧。

出没任从仓内鼠，钻窥宁似槛中猿。

高眠永日长相对，更约冬衾共足温。

曾几《乞猫》诗二首

其一

春来鼠坏有余蔬，乞得猫奴亦已无。

青蒻裹盐仍裹茗，烦君为致小於菟。

其二

江茗吴盐雪不如，更令女手缀红襦。与缡字同。

小诗却欠涪翁句，为问衔蝉聘得无。

李璜《以二猫送张子贤》诗二首

其一

家生入雪白于霜，更有欹鞍似闹装。

便请炉边叉手坐，从他鼠子自跳梁。

其二

衔蝉毛色白胜酥，搦絮堆绵亦不如。

老病毗邪须减口，从今休叹食无鱼。见《墨庄漫录》。

叶绍翁《题猫图》诗

醉薄荷，扑蝉蛾。

主人家，奈鼠何。见《随隐漫录》。

陈以庄《咏猫》诗

弄花扑蝶悔当年，吃到残糜味却鲜。

不肯春风留业种，破毡寻梦佛灯前。一作吴仲孚诗。

蔡天启《乞猫》诗

厨廪空虚鼠亦饥，终宵咬啮近秋闱。

腐儒生计惟黄卷，乞取衔蝉与护持。

陆游《赠粉鼻》诗

连夕狸奴磔鼠频，怒髯嗔血护残囷。

问渠何似朱门里，日饱鱼飧睡锦茵。

自注：粉鼻，畜猫名也。

又《得猫于近村以雪儿名之戏为此诗》

似虎能缘木，如驹不伏辕。

但知空鼠穴，无意为鱼飧。

薄荷时时醉，氍毹夜夜温。

前生旧童子，伴我老山村。

又《赠猫》诗

裹盐迎得小狸奴，尽护山房万卷书。

惭愧家贫策勋薄，寒无毡坐食无鱼。

又《鼠屡败吾书偶得狸奴捕杀无虚日群鼠几空为赋此诗》

服役无人自炷香，狸奴乃肯伴禅房。

昼眠共藉床敷暖，夜坐同闻漏鼓长。

贾勇遂能空鼠穴，策勋何止履胡肠。

鱼飧虽薄真无愧，不向花间捕蝶忙。

又《赠猫》诗

执鼠无功元不劾，一箪鱼饭以时来。

看君终日常安卧，何事纷纷去又回？

又《嘲畜猫》诗

甚矣翻盆暴，嗟君睡得成！

但思鱼餍足，不顾鼠纵横。

欲聘衔蝉快，先怜上树轻。

朐山在何许？此族最知名。

周紫芝《次韵苏如圭乞猫》诗

苏侯家四壁，每饭歌权舆。庾郎鲑菜盘，三韭罗春蔬。

饥鼠窜旁舍，不复劳驱除。何为走老黢，贯鱼乞猫奴。

颇知红锦囊，万卷家多书。我时着醉帽，过子城南居。

手擎乌丝栏，案几自卷舒。寒具久不设，蚕尾亦足娱。

犹恐遭唆呫，备豫须不虞。狸奴当努力，鼠辈勤诛锄。

无为幸一饱，高卧依寒炉。

楼钥《戏赋赵南伸寄王朴画猫犬》诗

鬅鬓两狻猊，胡为到庭户。细观画手妙，摹写真态度。

意足谢繁华，不待丹青汗。乱扫腹背毛，头足巧分布。

龙也如愁胡，眉攒眼光注。岂惟足生牦，垂耳纷败絮。

掉尾固自若，狸奴为惊惧。侧耳实畏之，冲目犹敢怒。

诚知取形似，不吠亦不哺。对之辄一笑，聊用慰沈痼。

张良臣《祝猫》诗

江上孤篷雪压时，每怀寒夜暖相依。
从今休惯穿篱落，取次怀春屡不归。

又《山房惠猫》诗

从来怜汝丈人乌，端正衔蝉雪不如。
江海归来声绕膝，定知分诉食无鱼。

林逋《咏猫》诗

纤钩时得小溪鱼，饱卧花阴兴有余。
自是鼠嫌贫不到，莫嫌尸素在吾庐。

刘克庄《诘猫》诗

古人养客乏车鱼，今汝何功客不如。
饭有溪鱼眠有毯，忍教鼠啮案头书。

刘一止《从谢仲谦乞猫诗》

昔人蚁动疑斗牛，我家奔鼠如马群。

穿床撼席不得寐，齿啮编简连帨帉。

主人瓶粟常挂壁，每饭不肉如广文。

谁令作意肆奸孽，似怨釜鬵无余荤。

君家得猫自拯溺，息育几岁忘其勤。

仲谦云："水中得弃猫，拯救久之，乃复活。"

屋头但怪鼠迹绝，不知下有飞将军。

他时生团愿聘取，青海龙种岂足云。

归来堂上看俘馘，买鱼贯柳酬策勋。

郑清之《香山猫食粥》诗

梵宫新遣两狸奴，晨粥饥餐食肉如。

料是伊蒲三昧熟，不知绕膝诉无鱼。

杨云翼《猫饮酒》诗

枯肠痛饮如犀首，奇骨当封似虎头。

尝笑庙谋空食肉，何如天隐且糟邱。

书生幸免翻盆恼，老婢仍无触鼎忧。

只向北门长卧护，也应消得醉乡侯。一作李纯甫诗。

王良臣《狸奴画轴》诗

三生白老与乌圆，又现吴生小笔前。

乞与黄家禳鼠祸，莫教虚费买鱼钱。

元好问《题何尊师醉猫图》诗二首

注：宣和内府物也。

其一

窟边痴坐费工夫，侧辊横眠却自如。

料得仙师曾细看，牡丹花下日斜初。

其二

饮罢鸡苏乐有余，花阴真是小华胥。

但教杀鼠如邱了，四脚撩天一任渠。

张权《次韵友人求狸奴》诗

裹盐觅得乌圆小，鼠穴俱空堵室安。

闲藉花阴眠昼暖，时亲蒲坐伴更阑。

多年不厌无鱼食，数子新添减鹤餐。

分送故人应好去，慎防书架莫辞难。

又《送狸奴无言师》诗

香积清斋禅老家，地无余鼠浣尘沙。

狸奴不用惭尸素，清夜蒲团伴结伽。

程钜夫《题武仲经知事狮猫画卷》诗

金丝色软坐常温，饱食深宫锦作墩。

若使爱书无法吏，诗人应叹鼠翻盆。

袁桷《题何尊师醉猫》诗

搅瓮翻盆势不禁，晚风辞醉首岑岑。

醒来独立阑干畔，四壁无声蟋蟀吟。

又《题王振鹏狸奴》诗

画堂绿幕镇犀悬，花影云阴得散眠。

自是主家扃锁密，晚风缘木捕新蝉。

柳贯《题睡猫图》诗

花阴闲卧小於菟，堂上氍毹锦绣铺。
放下珠帘春不管，隔笼鹦鹉唤狸奴。

丁鹤年《题猫》诗

食有溪鱼卧有茵，主恩深重更无伦。
若将乳鼠夸为瑞，恐负隆冬蜡祭人。

钱为善《题芙蓉白猫》诗

秋花石上玉狻猊，金尾翛翛敛四蹄。
零落旧时宫女扇，扑萤曾见画阑西。

又《题宋徽宗狸奴衔鱼图》诗

徽庙宸翰世已无，衔鱼随意写狸奴。
鸾舆北狩知何处，怅惘春风看画图。

张宪《主家猫》诗

主家畜一猫，文采玳瑁光。

晨餐溪鱼饱，午睡花阴凉。

营营沟中鼠，白日亢我床。

鼠东猫却西，所恨不相当。

一朝忽相当，反为鼠所戕。

淋漓两唇钮，跔促四足僵。

呼奴起击鼠，鼠去猫仓惶。

作炊实猫腹，割裳裹猫疮。

爱猫心虽仁，败事流毒长。

所愧主家暗，猫驽庸何伤。

刘基《题画猫》诗

碧眼乌圆食有鱼，仰看胡蝶坐阶除。

春风漾漾吹花影，一任东郊鼠化鴽。

又《以野狸饷石末公诗》

野狸性狡猾，夜动昼则潜。
絷之笼槛中，耳弭口不呻。
当其得意时，足爪长且铦。
跳踉逞俊捷，攫噬靡有厌。
贫家养一鸡，冀用易米盐。
尔黠弗自食，寻声窃窥觇。
破栅舔肉血，淋漓汗毛髯。
老幼起顿足，心如刺刀镰。
东邻借筌蹄，西邻呼猲獢，
系饵翳丛灌，设伏抽阴铃。
彼机欻已发，此欲方未忺。
丝绳急缠绕，四体如黐黏。
野人大喜慰，不敢私烹燖。
持来请科断，数罪施剜刲。
使君镇方面，残贼职所歼。
械送致麾下，束缚仍加箝。
腥膏忝污钺，羶胾或可醃。
苾芳和糟酱，顺赐警不廉。
黄雀利螳螂，碎首泥涂霑。
乌鸦殉腐肉，喷墨身受淹。
此物亦足戒，申章匪虚喃。

解缙《题茅山道士藏徽宗画猫食鱼图》诗

仙篆从教满石床，花阴睡觉赴云乡。

即今鼠辈都消尽，饱食溪鱼化日长。

高启《乞猫》诗

鼠类固甚繁，家有偏狡狯。

厥质亦陋微，朋聚工造怪。

舞庭欲呈妖，凭社期免败。

馋同善饭颇，暴比横行哙。

仓偷自诧肥，穴窜宁辞隘。

唯思淮南举，不悟河东戒。

嗟余守穷僻，有屋如敝廨。

公然肆相欺，远告来别界。

嘐嘐鸣橐频，窣窣缘幕快。

伺暗忌灯然，闻腥喜餐餲。

空床印凝尘，高壁隳堕块。

核遗盘果亡，汁覆罌鼏坏。

轰霆骇怒斗，急雨疑流喝。

书残费补装，茵涴烦烘晒。

入厕客惊吁，守舍奴忧诫。

岂无老乌圆，昔壮今何惫。

不修司捕职，垂头象暗聩。

难求许迈符，莫具张汤械。

寻蹊漫设机，薰隧徒吹鞴。

遂令不眠人，中夜长抑噫。

君家产衔蝉，许赠不以卖。

愿得纵驱擒，净若刈菅蒯。

尽杀岂匪仁，去害容少懈。

高枕幸无苦，君惠当再拜。

查慎行有《次韵》诗。

罗洪先《狸奴行》

山人敝庐不余粟，楼有古书数千轴。

宝之不啻西昆玉，紫缥青细互装束。

六月六日庭中暴，常恐蝉蠹生腰腹。

何知黠鼠能穿梜，窜身文字恣颠覆。

神图圣牒蒙汗渎，恨不移檄碟其肉。

三岁狸奴手所畜，食至相呼蒙顾育。

迩者朝出暮不复，乳雌雏雀潜遭毒。

謷謷白昼声来酷，静卧檐头爪牙缩。

彼诚何幸汝何辱，欲诉神明正威福。

呜呼！世人爱憎多隐伏，不敢高歌防忌触。

李煜《题王子荣主簿所藏醉猫图》诗

凉风晚香吹芰荷，狸奴咀之酣且卧。

金睛不动尾鬖鬖，翠屑阑珊落余唾。

眼前黠鼠纷如云，白昼从横喜相贺。

翻盆搅瓮任汝为，草性须臾如酒过。

奋须一攫何所逃，腥血空令齿牙涴。

黄筌老手妙入神，安得遍示寰中人。

呜呼！安得遍示寰中人。

唐顺之《晓起观猫捕鼠》诗

起来隐几坐朝暾，深谢当关早闭门。

檐角偶欣猫捕鼠，反观尚觉杀心存。

文征明《乞猫》诗

珍重从君乞小狸，女郎先已办氍毹。

自缘夜榻思高枕，端要山斋护旧书。

遣聘自将盐裹箬，策勋莫道食无鱼。

花阴满地春堪戏，正是蚕眠三月初。

王冕《画猫图》诗

吾家老乌圆，斑斑异今古。

抱负颇自奇，不尚威与武。

坐卧青毡傍，优游度寒暑。

岂无尺寸功，卫我书籍圃。

去年我移家，流离不宁处。

孤怀聚幽郁，睹尔心亦苦。

时序忽代谢，世事无足语。

花林蜂如枭，禾田鼠如虎。

腥风正摇撼，利器安可举。

形影自相吊，卷舒忘尔汝。

尸素慎勿惭，策勋或齐怒。

胡镇《觅猫》诗

觅狸奴，敲缶盂，倚栏频频眺，凭虚嘧嘧呼。
盘旋苔径寻无迹，猛见花阶睡未苏。

吴绮《悼狸奴》诗

白老能多慧，相驯五载余。
食惟分饼饵，力可护诗书。
觅主常登榻，依人每绕裾。
也应须灭度，恃为诵如如。

查慎行《鹊雏为邻猫所攫》诗

庭南老槐树，当暑花叶敷。

有鹊栖其间，雌雄将六雏。

毛羽日夜长，饲哺同慈乌。

家书故乡来，好客与之俱。

查查每预报，喜气充我闾。

自谓所得主，永无意外虞。

邻家里白猫，耽视生觊觎。

阴藏爪牙毒，上树捷飞鼯。

六雏一被攫，鹊起逐以趋。

似将夺虎口，性命还须臾。

又似望人援，绕檐群噪呼。

仓皇不及救，坐视为嗟歔。

我廪被鼠穿，唧唧繁有徒。

孔箱盗夜粟，穴纸潜朝蛆。

汝虽磔百千，饱啖卧氍毹。

谁当刻责汝，加以非分诛。

鼠黠鹊性良，飞走族亦殊。

云胡于此暴，观独于彼懦^{叶平}。

于彼为养奸，于此戕无辜。

汝腹纵暂满，汝肠义当刳。

吾欲致张汤，诘之定爰书。

公然掉尾去，借邻以逃逋。

又《责猫》诗二首

其一

鱼飧饱后似逃逋，长养成群窃肉徒。

孰是汉廷刀笔吏，盍将鼠罪坐狸奴。

其二

老人长夜每醒然，兀坐昏昏抵昼眠。

怪尔也来争此席，公然睡暖旧青毡。

钱笎鲛《雪狮儿·咏猫词》

花氍卧醒，又闲趁、十二阑边，一双蝶舞。绣倦空阑，几遍春纤亲抚。奔腾玉距。乱蝇拂、红丝千缕。试验取，双瞳似线，庭阴日午。

好是蚕时早乳。问当年果否、共调鹦鹉。八蜡迎来何处，远村巫鼓。云图锦带。漫拓得，张家遗谱，灯明处，合对金猊小炷。

朱彝尊《雪狮儿·咏猫词》三阕

其一

吴盐几两，聘取狸奴，浴蚕时候。锦带无痕，搦絮堆绵生就。诗人黄九，也不惜、买鱼穿柳。偏爱住、戎葵石畔，牡丹花后。

午梦初回，晴昼。敛双睛乍竖、困眠还又。惊起藤墼，子母相持良久。鹦哥来否。惹几度、春闺停绣。重帘逗。便请炉边叉手。

其二

胜酥入雪，谁向人前，不仁呼汝。永日重阶，恒把子来潜数。痴儿骏女，且莫漫、彩丝牵住。一任却、食鱼捕雀，顾蜂窥鼠。

百尺红墙能度。问檀郎谢媛，春眠何处。金缕鞋边，惯是双瞳偏注。玉人回步。须听取、殷勤分付。空房暮。但唤衔蝉休误。

其三

磨牙泽吻，似虎分形，眼黄须辨。炎景方长，试验鼻端冷暖。茴香丛暗。扑不住、蝼蛄一点。更寻向、篱根紫芥，石棱红苋。

醉了薄荷频颤。讶搔头过耳水痕初浣。消息郎归，休把玉鞭敲断。平陵传遍。问齿锁金钱谁缩。风吹转。蛱蝶惊飞凌乱。

厉鹗《雪狮儿·咏猫词》三阕

其一

雪姑迎后，房栊护得，黄晴明润。扑罢蝉蛾，更弄飞花成阵。穿篱远近。未肯傍、茸毡安稳。念寒夜，偎衾暖处，梦寻灯晕。

绕膝声声低问。似无鱼分诉，怜伊娇困展膊屏前，仿佛三生犹认。怀春最恨，渐取次、归来难准。琼笺尽。上案晴蟾铺粉。

其二

花毛褐染，炎天尚记，荷塘争浴。鼠卜闲时，画损砌苔幽绿。阑干几曲。任侧辊横眠初熟。怡又敛、翛翛金尾，蝶衣偷蹴。

忽起惊跳风竹。听蝇鸣茶鼎，何曾轻触。暮眼才圆，香绮丛边看足。檐声断续。休吃尽、草芽盈掬。娱幽独。胜了狻猊镂玉。

其三

妆楼镇卧，底须结取，於菟痴小。解事吴娃，戏学凤仙亲捣红丝缭绕。便万贯、呼来还少。防失却，袅蹄重铸，闲坊寻到。

蟋蟀吟中醒悄。正无声四壁，立残斜照。不捕依然，阶药纷披藏好。携儿乳饱。坐榻畔、微温相恼。春回早。八九墙阴新扫。

陆纶《雪狮儿·咏猫词》二阕

其一

吴盐箸裹，筠篮聘好，蚕蚕名揭窗网猜翻，怕是眠余狞劣。梅黄雨歇。只草暗身藏还齿。夜阑悄、无鱼孤醒，苏蛩吟切。

子母相持飘瞥。又花阴，间洗，客来曾说。舞戏茸茵，料比狮形难别。乌云一捻。遮不住、捎檐微雪。晴圆凸。衔个疏蝉风咽。

其二

春风乍唤，红阑扑起，瓦沟斜过。村落三家，寻向桑根墙左。同眠稳妥。暮又赶、猖猖无奈。画楼恼、偷涎未改，簟茵抛浣。

小忏佛毡温火。也慈悲假得，逗他藏躲。学话鹦哥，打否能来个个。笼鸡爪破。悄不放、灯宵鸣课。枪拖么。那许雪翻云弹。

吴锡麒《雪狮儿·咏猫词》三阕

其一

田家迎否，鼠姑放后，才醒残睡，粉鼻堆娇，镇抱雏儿游戏。呼哝何事。悄走向、裙边偷睨。帘影外、衔鱼竟去，吮毫图未。

闲把狮圆试比。讶开来细盒，眼波浑似。密伴瑶姬，销得麝香名字。横陈乍起。怕抓乱、金绒难理。人语细。为报杏林春喜。

其二

女儿痴小，昼长闲卧，毛衣雪浣。十日携来，不道真如我懒。游仙梦断。傍药鼎、空增幽怨。谁解到、斋厨定后，三生如幻。

愁绝金山一点。看江心活脱，衍波曾蹉。兰爪如龙，莫被檐花吹溅。灯边瞥见。要唤取、床敷闲伴。偎足暖。户外月阴初转。

其三

翠蕉摇影，阑干幽处，临来飞白。谁曳乌云，暗罩一堆寒色。移家旧陌。倩十五青童看得。休行遇、墨花帘底，怕妨吟客。

何事轻身惯掷。叹鹤化炉空，已销丹液。不道头衔，又换大官新格。铜槃帛碧。切莫恋、黄鱼残沥。妆台侧。学染美人红的。

句

王建

《独漉歌》:"独漉独漉,鼠食猫肉。"

路德延

《孩儿诗》:"猫子采丝牵。"

元稹

诗:"空仓鼠敌猫。"

苏轼

诗:"亡猫鼠益丰。"又《却鼠刀铭》:"见猫不噬,又乳于家。"

苏过

《赋鼠须笔》:"磔肉馁饿猫。"

谢逸

诗："闲看醉猫画。"

陆游

诗："夜常暖足有狸奴。"又"颓然对客但称猫"，又"猫健翻怜鼠"，又"狸奴知护案间书"，又"彩猫糕上菊初黄"，又"狸奴毡暖夜相亲"。

范成大

诗："闲看猫暖眠毡褥。"

杨万里

诗："朝慵午倦谁相伴？猫枕桃笙苦竹床。"

吴讷

诗："群猫昼眠鼠变虎。"

文天祥

诗："睡猫随我懒。"

徐集孙

诗："乱叶打窗猫上案。"

刘仲尹

诗：“氍毹分坐与狸奴。”

周紫芝

《博炉诗》：“会当与狸奴，曲肱分半席。”

谢应芳

诗：“狸奴昼呼至。”

葛天民

诗：“猫来戏捉穿花蝶。”

王迈

诗：“既瞿关虎嗔，宜有人猫厄。”

张至龙

诗：“猫卧香绮丛。”

王庭筠

诗：“花影未斜猫卧外。”

沈说

诗："花下狸奴卧弄儿。"

许棐

诗："蒲席夜间猫占卧。"

杨维桢

诗："生憎昨夜狸奴恶，抓乱金床五色绒。"

张翥

诗："猫驯伴坐毡。"

周权

诗："夜宪猫占卧。"

马祖常

诗："猫走护残糜。"

吴龙辅

诗："断断猫捕鼠。"

刘基

赋："吠犬遭烹兮，捕猫蒙醢。"又骚："捕猫乳鼠兮，金以为仁。"

张养浩

诗："猫噬砚池水。"

郑子亨

诗："口角吹来薄荷香。"

任昉

《猫》诗："睡损苔斑日影移。"又诗："曾得太真红袖里，君王筵上拂残棋。"

高启

诗："许赠狸奴白雪毛。"又《狸》诗："花阴犹卧日高初。"

王冕

《葛仙翁移家图》诗："牛羊猫狗先后随。"

王守仁

疏："夫走狗逐兔，而捕鼠以狸。"又"夫猫之击鼠也，不穷其伏而但乘其出"。

余阙

文："虎豹之文敝，曾不若狌狸之革而章。"

朱彝尊

诗："题糕余彩猫。"又诗："猫黏九日糕。"又诗："捕雀容猫戏。"又诗："灶下狸奴去不回。"又词："狸奴去后绣墩温。"

吴绮

《香奁》诗："衔蝉晓食每亲调。"

汤右曾

诗："猫雏配画师。"

张劭

《懒猫》诗："豢养空勤费夜呼，性慵奈像主人何。"

朱昆田

《狸奴叹》："蕙坡擒蝼蛄。"

许宝善

《猫》词："爱雪色，香茸梵音低诉。"

宋思仁

《猫》诗："戏随蝴蝶入花阴。"

沈振麟

生卒年不详

清代画家。字凤池，一作凤墀，元和（今江
苏省吴县）人。于咸丰、同治年间供奉内廷
画院。创作题材广泛，工写照，兼善写生、
山水、人物，各臻其妙，笔法工细写实。是
晚清重要的宫廷画家。

［清］沈振麟　《萱萱同春》

［清］沈振麟　《耄耋同春》

〔清〕沈振麟　《耄耋同春》

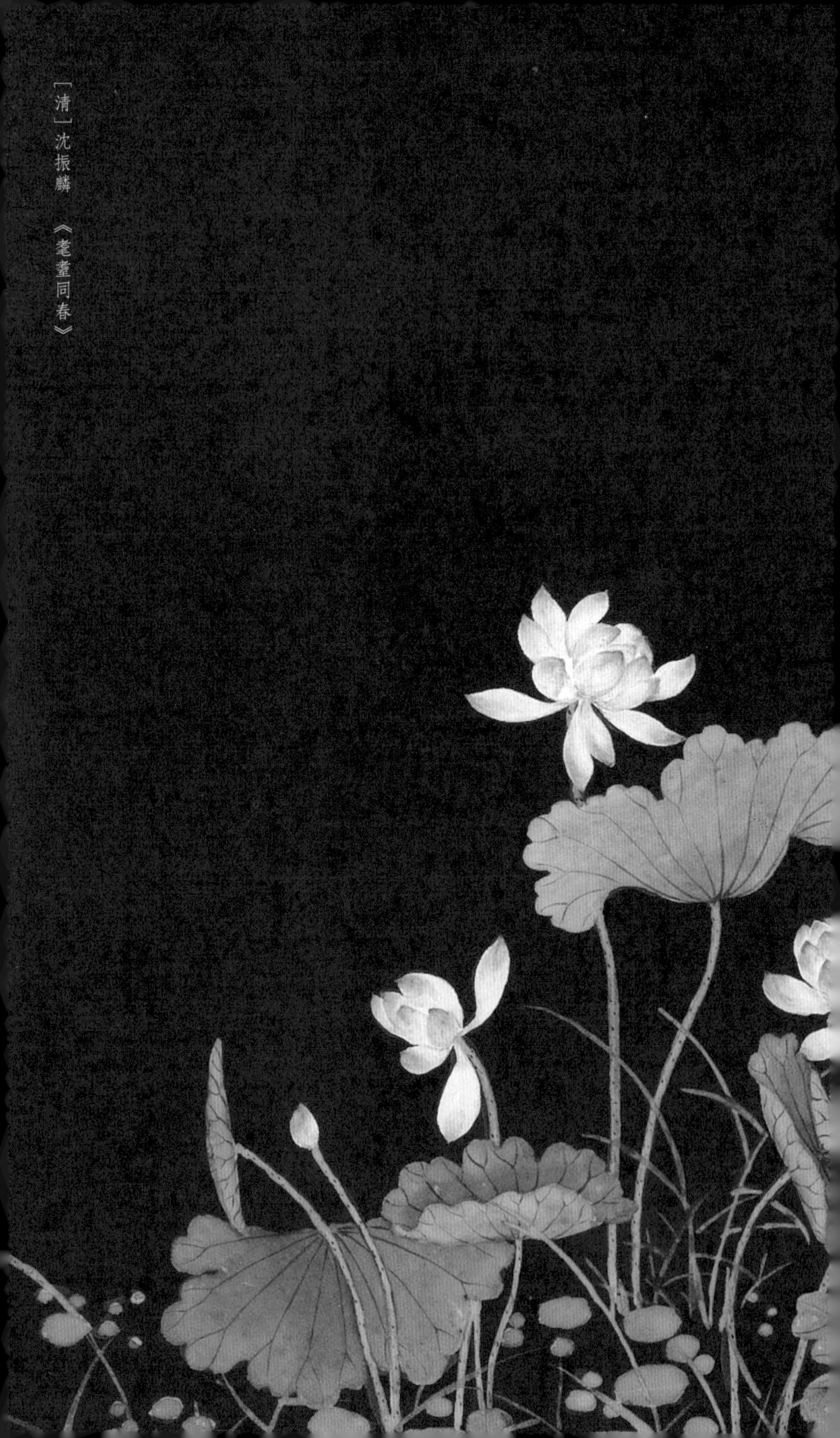

［清］沈振麟《耄耋同春》

［清］沈振麟　《耄耋同春》

图书在版编目（CIP）数据

猫苑 / (清) 黄汉辑. 猫乘 / (清) 王初桐辑. --
杭州：浙江文艺出版社, 2021.1
（作家榜经典名著）
ISBN 978-7-5339-6233-3

Ⅰ. ①猫… ②猫… Ⅱ. ①黄… ②王… Ⅲ. ①猫—普
及读物 Ⅳ. ①Q959.838-49

中国版本图书馆CIP数据核字(2020)第196064号

责任编辑：金荣良
文字编辑：王 挺

作家榜®经典名著
★★★★★★★★★
读 经 典 名 著，认 准 作 家 榜

猫苑·猫乘

［清］ 黄 汉 王初桐 辑

全案策划
大星（上海）文化传媒有限公司

出版发行
浙江文艺出版社 [www.zjwycbs.cn]
杭州市体育场路347号 邮编 310006
浙江省新华书店集团有限公司 经销
浙江新华数码印务有限公司 印刷

2021年1月第1版 2021年1月第1次印刷
889毫米×1194毫米 32开本 15.75印张
印数：1-15000 字数：275千字
书号：ISBN 978-7-5339-6233-3
定价：98.00元（全二册）

策　　划｜
出　　品｜　★ 大星

出 品 人｜　吴怀尧　周公度
　　　　　　邵　飞　胡云剑
产品经理｜　田　靓
美术编辑｜　李柳燕
封面创意｜　［德］Peter Bauer
封面绘制｜　梁昌正
内文插图｜　梁昌正
产品监制｜　陈　俊
特约印制｜　吴怀舜

投稿邮箱｜　dxwh@zuojiabang.cn
渠道合作｜　021-60839180
官方微博｜　@大星文化　@中国作家榜
作家榜官方网站｜　www.zuojiabang.cn
作家榜官方微博｜　@中国作家榜（每天都在免费送经典好书）
作家榜阅读APP｜　免费下载·百大名著·永久畅读

下载作家榜 APP
百大名著·永久畅读

百态人生
尽在故事会

作家榜官方微博
经典好书免费送

作家榜®经典名著

★ ★ ★ ★ ★ ★ ★ ★

读 经 典 名 著 , 认 准 作 家 榜

感谢您选择大星®文化出品的作家榜经典。

全新国民阅读品牌"作家榜®经典名著",致力于为读者提供值得反复阅读和激发心灵成长的全球经典。自2017年诞生以来,策划了一本又一本经典畅销书。

作家榜经典名著系列,精选经典中的经典,由杰出诗人、作家、学者译注,在全国读者、各界名人、各大媒体中引发热议,口碑相传。

越来越多有经验的爱书人,书架珍藏作家榜经典;越来越多的孩子们,因为作家榜经典爱上阅读。

作家榜经典名著
京东官方旗舰店

作家榜经典名著
当当官方旗舰店

作家榜经典名著
天猫官方旗舰店

作家榜经典名著
拼多多旗舰店